讲给少年儿童的
中国科技与教育发展之路

上册
从奠基到辉煌：中国科技之路

畲田　主编

北方妇女儿童出版社
·长春·

图书在版编目（CIP）数据

爱中国，了解中国：讲给少年儿童的中国科技与教育发展之路. 上册 / 畲田主编. ——长春：北方妇女儿童出版社，2014.1

ISBN 978-7-5385-7881-2

Ⅰ. ①爱… Ⅱ. ①畲… Ⅲ. ①科学技术—技术发展—中国—少儿读物②教育事业—发展—中国—少儿读物Ⅳ. ①N12-49②G521-49

中国版本图书馆 CIP 数据核字 (2013) 第 254067 号

爱中国 了解中国

讲给少年儿童的 上
中国科技与教育发展之路

主　　编　畲　田
出 版 人　刘　刚
策 划 人　师晓晖
责任编辑　师晓晖
开　　本　720mm×1000mm　1/16
印　　张　12
字　　数　150 千字
版　　次　2014 年 1 月第 1 版
印　　次　2016 年 11 月第 3 次印刷
出　　版　北方妇女儿童出版社
发　　行　北方妇女儿童出版社
地　　址　长春市人民大街 4646 号　　　邮　编：130021
电　　话　编辑部：0431-86037970　　发行科：0431-85640624
印　　刷　延边星月印刷有限公司
ISBN 978-7-5385-7881-2　　　定价：32.00 元

前言
QIANYAN

今天，我们生活在一个被科技武装起来的世界，我们的衣食住行都受到了科技的巨大影响。科技的进步是一个渐进的过程，几十年前，新中国刚刚建立，那时候，我国还是一个以农业为主的落后国家。由于科技不发达，当时人们的物质生活相当匮乏。但是，经过几十年的发展和建设，我国的科学技术有了突飞猛进的发展，创造了一项又一项举世瞩目的科技成就。"蛟龙"潜海，"神舟"飞天，"嫦娥"奔月，科技让我们在宇宙间自由驰骋。未来，掌握先进科学知识的中国人民，生活将会更美好。

科技的发展，社会的进步，很大程度上得益于教育的发展。新中国建立以来，我国的教育事业蓬勃发展，大大提升了国人的文化水平。大批受过一定教育的劳动者，为经济建设提供了宝贵资源，在他们的辛勤劳动下，我们的国家才能快速发展。

今天，当我国成为全球第二大经济体，人民生活显著改善的时候，我们有必要去探究那些促使这一切发生的因素，有必要去探究这些改变发生的过程。回顾新中国建立六十多年来科技和教育领域的重大事件，我们或许能找到答案。

目录
MULU

上册　从奠基到辉煌：中国科技之路

1. 国产青霉素诞生 ★★★

青霉素是一种抗生素，它在防治感染方面有神奇的效果，被誉为救命药。青霉素在 20 世纪初被发现，随后迅速推广到全世界，挽救了无数人的生命。

解放前，中国贫穷落后，医疗科研水平低，无法研制青霉素，因此当时我国的青霉素全部依赖进口。那时青霉素价格十分昂贵，一支青霉素甚至要用黄金去换。

新中国建立之初，国外对我国进行封锁，青霉素的进口渠道被切断，这使我国陷入了无青霉素可用的局面。当时我国正在进行抗美援朝战争，需要大量青霉素救治伤员，但国内青霉素奇缺，再

▼ 青霉素

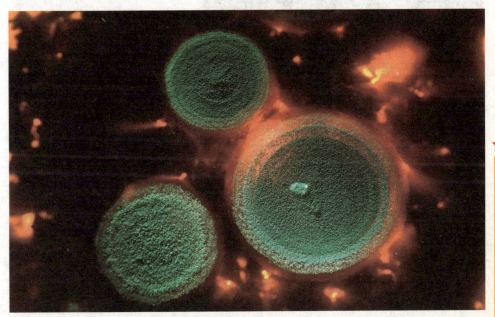

加上不法商贩伪造青霉素销售，使得受伤将士病情加重甚至死亡，国内医疗事业也受到了很大影响。

为了摆脱这一困境，我国政府决心自己研制青霉素，当时留美归国的童村博士成为这一工程的领导者。在政府的支持下，童村开始筹建青霉素试验所和生产工厂。在这时，留学日本的许文思、在美国大学任教的蔡荭彪等人听到消息，纷纷回国参与研制青霉素的工作。在童村的带领下，我国第一代抗生素研究团队开始走上了一段艰难曲折的青霉素国产化之路。

青霉素发酵原材料中需要玉米浆，玉米浆是淀粉工业的副产品。这在国外寻常的东西，在我国却偏偏没有。如果依赖进口，或者自行生产玉米浆，都不符合国情，唯一的出路是寻找替代品。经过反复研究、试验，他们先是用棉籽饼粉，后又用花生饼粉，成功替代了玉米浆。解决了原料问题，使得发酵单位从100千克左右，提高到了500多千克，相当于亩产量提高了5倍，为工业化生产打下了基础。

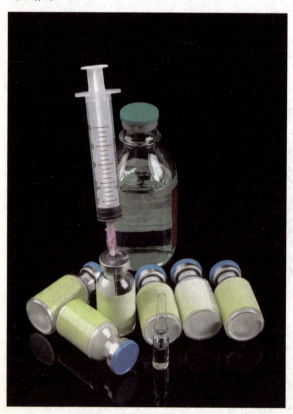

▼ 青霉素与氯化钠注射剂

生产青霉素的发酵设备结构复杂，有搅拌、管道、阀门等，发酵过程中还需通入大量无菌空气，极易染上杂菌，技术问题很多。为了解决这些问题，童村和他的同伴们夜以继日地守在发酵罐旁进行试验，一次、两次、三次……无数次的失败过后，他们终于获得了成功。1953年5月1日，在上海第三制药厂的1500加仑发酵罐中，我国自行研制的第一批国产青霉素问世了！从此，我国告别了抗生素依赖外国进口的历史。

2. 第一汽车制造厂正式投产 ★★★

新中国成立后不久，毛泽东就前往苏联访问。在访苏期间，斯大林向毛泽东建议中国应该尽快建设一座综合性的载重汽车厂。于是，在苏联的大力帮助下，中国重工业部在北京成立了汽车工业筹备组。在考虑了北京、沈阳、武汉、包头四个厂址后，国务院最后决定在长春孟家屯附近建厂。

1952年7月，国家决定正式成立汽车工厂，工厂代号为652厂。当年年底任命饶斌、郭力、孟少农为副厂长。1953年7月15日，中国第一座汽车厂——第一汽车制造厂在长春建成。

1956年7月，一汽正式投产。经过艰苦努力，到1958年5月，一汽生产出我国第一辆轿车——东风牌71型轿车。1958年，一汽参考美国的克莱

斯勒轿车，研制出了红旗牌 CA72 高级轿车，这是新中国第一辆国产高级轿车。

第一汽车制造厂的建成和投产使中国的汽车工业开始快速发展，它生产出了新中国第一辆解放牌载重汽车和第一辆轿车，从此，中国告别了没有国产车的时代。

3. 第一根无缝钢管在鞍钢无缝钢管厂压制成功

无缝钢管是一种具有中空截面，周边没有接缝的圆形、方形或矩形钢材。与实心钢材相比，无缝钢管具有抗弯、抗扭曲能力强、重量小等优点，它被广泛应用于制造结构件、机械零件和运送流体，是重要的工业材料，被誉为"工业血管"。

新中国建立后，工业基础十分薄弱。当时我们还不能生产无缝钢管，这使得许多工业生产都受到了影响。为了解决这一难题，1952 年 8 月，我国派出一批工人赴苏联进行学习。经过一段时间的学习，工人们逐渐掌握了生产无缝钢管的技术。他们归国后，结合实际，刻苦钻研，终于在很短时间里就生产出了我国自己的无缝钢管。1952年 10 月 27 日，我国第一根无缝钢管研制成功，从此，新中国有了自己的"工业血管"。

4. 第一架喷气式飞机研制成功 ★★★

　　1956 年 9 月 8 日，沈阳国营 112 厂研制成功一种喷气式歼击机——"歼 –5"，这是新中国研制的第一架喷气式歼击机。

　　"歼 –5"是一种单座、单发、机头进气、后掠式战斗机。1955 年初，沈阳国营 112 厂开始研制"歼 –5"。"歼 –5"的成功研制是各方面团结协作的结果。除了苏联的帮助外，国内也集中了各方面的力量投入到"歼 –5"的研制当中。1954 年，中央从军队和地方抽调大批干部充实沈阳国营 112 厂的领导班子。当年 7 月到 9 月，全国铁路系统和上海公交部向沈阳国营 112 厂输送了大批技术工人，仅上海就去了 400 多名工人。同时，国家还向沈阳国营 112 厂分配了 3000 多名大中专毕业生，建造飞机所需的各种材料、设备也源源不断地从各地运来。有了这些准备，后来的飞机研制才能顺利开展并很快取得成功。1956 年 7 月，试制飞机进行了试飞。1956 年 9 月，"歼 –5"飞机开始大规模生产，到 1959 年 5 月停产，近三年的时间里一共生产了 767 架"歼 –5"飞机。

▼ 喷气式飞机

从奠基到辉煌：中国科技之路

5. 青藏公路正式通车 ⭐✦✦

　　西藏是一个神奇而美丽的地方，它是许多人向往的佛教圣地。然而，因为地势险峻、高山大川阻隔了它与外界的联系。

　　1950 年年初，中国人民解放军挺进西藏。军队遵照党中央的号召和毛主席"一面进军，一面修路"的指示，和藏族同胞一起发扬艰苦奋斗的精神，历经艰险、排除万难，在世界屋脊上修通了全长 4300 多千米的川藏公路和青藏公路。

　　青藏公路东起青海省省会西宁市，向西经过格尔木折向南行，经那曲到达拉萨，全长 1900 多千米。青藏公路穿行海拔 4000 米以上的青藏高

▼ 青藏公路

原，跨长江上源，越昆仑、唐古拉等大山，是青藏、川藏、滇藏、新藏 4 条进藏公路中最主要的一条线路。

1950 年 4 月青藏公路动工修建，1954 年 12 月 25 日，青藏公路正式通车。它担负着进藏 85%、出藏 90% 的物资运输量，是一条通过世界上海拔最高的多年冻土地区的沥青路面公路。

青藏公路的修建使得西藏人民用现代化交通运输取代了千百年来人背畜驮的落后运输方式，开创了西藏交通事业发展史的新篇章。

6. 中国农业科学院成立

农业是国民经济的基础，长期以来，我国都是一个农业大国，解决农业问题是新中国的一项重要任务。发展农业，科学技术是必不可少的支持，农业科技水平提高了，农业才能有长足的发展。

新中国成立后，我国陆续设立了东北、华北、华东、华中、华南、西南、西北七个农业科学研究所。1954 年，我国决定成立中国农业科学研究院。经过两年多的准备，1957 年 3 月 1 日，中国农业科学院在北京正式成立，丁颖被任命为院长。

当时成立的农业科学院设有 17 个科研机构，包括北京的植物保护研究所、土壤研究所、畜牧研究所、农业原子能利用研究室和农业气象研究

室、作物遗传育种研究所；设在京外的棉花研究
所、西北畜牧兽医研究所、南京农业机械化研究
所、蚕业研究所、哈尔滨兽医研究所；设在各大
行政区的农业研究所，如东北农业科学研究所、
华东农业科学研究所、中南农业科学研究所、华
南农业科学研究所等。

7. 四川省发现马门溪龙化石 ★★★

马门溪龙是蜥脚类恐龙繁盛时期（距今 1.45
亿年前的侏罗纪晚期）的早期种属，它们在侏罗
纪末期全部绝灭。

马门溪龙是目前为止人类发现的曾经生活在
地球上颈部最长的动物，若站在地面上，它的头

▼ 马门溪龙

会很容易地伸进 3 层楼上房间的窗户内。马门溪龙的颈部由长长的、相互叠压在一起的颈椎支撑着，因而十分僵硬，转动起来十分缓慢。它颈部上的肌肉相当强壮，支撑着它蛇一样的小脑袋。马门溪龙的身长和一个网球场一样长，但它的身体却很"苗条"，它的脊椎骨中有许多空洞。

▼ 马门溪龙有长长的脖子

马门溪龙有两个种属：一为合川马门溪龙，发现于四川省合川县和甘肃永登；另一个为建设马门溪龙，发现于四川省宜宾。

1957 年初，四川石省油管理局地质调查处 2 分队来到合川县太和乡古楼山进行石油与天然气勘探，在寻找矿藏过程中，他们无意中在古楼山的岩石中发现了大型动物的骨骼化石，经过挖掘，最后出土了一具完整的恐龙骨架。

合川发现完整的恐龙化石骨架的消息很快传遍了四川各地，也传到了千里之外的首都北京。前来参观的人络绎不绝，中国科学院古脊椎动物与古人类研究所、成都地质学院以及各地的博物馆都派人前来进行了考察。

经过研究，科学家认定这具巨大的恐龙生

活在距今 1.2 亿年前，属于蜥脚类恐龙，是恐龙家族中体形最为庞大的一支。后来，这只恐龙被命名为"合川马门溪龙"。合川马门溪龙的发现、发掘和研究，不仅为研究蜥脚类恐龙的系统发展提供了珍贵的材料，而且为研究四川盆地的古地理、古气候提供了重要的科学依据。

8. 武汉长江大桥建成通车 ★★★

武汉历来有"九省通衢"之誉，它位于汉江与长江交汇处，是长江航运重镇。武汉位于中国

腹地，北接陕西、河南，南通湖南、江西，东有安徽，西连四川，无论北上、西进还是南下、东出交通都十分快捷便利。

优越的地理位置使武汉成为交通要道，新中国成立前就有粤汉铁路、平汉铁路通过这里。但当时长江上还没有大桥，因此平汉铁路上的火车通过长江时只能使用铁路渡轮，这不仅影响了平汉铁路的通畅，也限制了武汉的进一步发展。

在武汉附近的江面上修建长江大桥一直是中国人的梦想，近代以来，先后有几次修建计划，但最后都由于各种原因而没能修建。新中国成立

▼ 武汉长江大桥

从奠基到辉煌：中国科技之路

后，修建武汉长江大桥又被提上了议事日程。

1949年，中华人民共和国成立后不久，茅以升等一些科学家、工程师向中央人民政府上报《筹建武汉纪念桥建议书》，提议建设武汉长江大桥。这一建议提出后，得到了中央政府的高度重视。1949年9月21日至30日，中国人民政治协商会议第一届全体会议通过建造长江大桥的议案。

根据中央人民政府政务院的指示，铁道部立即着手筹划修建武汉长江大桥。1950年1月，铁道部成立铁道桥梁委员会，同年3月成立武汉长江大桥测量钻探队和设计组，由中国桥梁专家茅以升任专家组组长，开始进行初步勘探调查。

专家组先后共做了八个桥址线方案，并逐一对方案进行了缜密研究。1950年9月至1953年3月，中央三次召开武汉长江大桥会议，就有关桥梁规模、桥式、材质、施工方法等进行讨论。大桥选址方案经中央财经委员会批准确定后，铁道部立即组织力量进行初步设计。1953年3月完成初步设计，苏联专家进行指导并委托苏联交通部对设计方案鉴定。

经国务院批准后，武汉长江大桥于1955年9月1日提前正式动工。大桥采用管柱钻孔法施工，这种方法使大桥施工速度大为提高，桥墩基础工程从全面开工到基本完成仅用了一年零一个多月的时间。1957年3月16日，大桥桥墩工程全部竣工。

长江大桥采用 3 联 9 孔的等跨间支梁进行安装，使用平衡悬臂拼装架设法，从武昌、汉阳两岸分别向江中同时推进。1957 年 5 月 4 日，大桥钢梁顺利合龙。

武汉长江大桥总投资预算 1.72 亿元人民币，实际只用了 1.384 亿元人民币；大桥本身造价预算 7250 万元，实际只用了 6581 万元。

9. 第一台电视机研制成功 ★★★

现在，电视机已经成为每个家庭必备的电器，但是在新中国成立初，电视机对人们来说还是个很陌生的东西。

1941 年，美国率先发明了电视机，随后，电视机开始风靡全球。但在新中国，由于外部封锁和其他一些原因，到 1957 年，中国还没有一台电视机，中国电视工业在当时是一片空白。

1957 年 6 月，天津无线电厂接受了研制电视机的任务。在没有技术资料、材料，仅有几件电视机散件的情况下，天津无线电厂与北京广播器材厂密切配合，制订出了适合

▼ 早期电视机

从奠基到辉煌：中国科技之路

中国的电视机设计方案。1958 年 1 月，我国第一台样机成功研制出来。当年 3 月，国产第一台电视机研制成功，它被命名为"北京"牌。3 月 17 日，这台电视机进行试播，结果获得圆满成功，自此，中国能自己生产电视机了。

10. 第一座实验性原子反应堆正式运转 ★★★

原子反应堆是观察原子核分裂反应的一种装置，我国建成的第一座原子反应堆属于重水型，热功率为 1 万千瓦，主要用途是进行科学研究和制造同位素。

1955 年初，党中央高瞻远瞩地提出了"发展原子能事业"的战略决策。要确立一个国家在世界上的地位，没有核工业是难以想象的，而要发展核工业没有反应堆及加速器是不行的。1956 年 5 月，新中国第一座千瓦级重水反应堆和回旋加速器动工建设。仅是外围的水泥防护层，就花了 2 年时间。

1958 年 6 月 30 日，新华社首次向国内外报道了我国第一座实验性原子反应堆已经正式运转、回旋加速器已经建成、正在准备进行科学研究工作的消息。这标志着我国已经开始跨进了原子能时代。

11. 第一台计算机研制成功

　　20 世纪 40 年代，世界上诞生了第一台计算机。这台计算机由美国工程师莫奇利和他的同伴们研制。1950 年，日本发明了软磁盘，从此开启了存储时代的新局面。

　　20 世纪 50 年代中期，我国决定研制自己的计算机。由于当时我国在计算机领域还是一片空白，因此国家决定向苏联学习相关技术。1956 年，我国派出考察团前往苏联科学院精密机械与计算技术研究所考察。1957 年 4 月，政府又购买了国外计算机的图纸。结合两方面的资料，我国科研人

▼ 世界上第一台计算机

★ 从奠基到辉煌：中国科技之路

员与北京有线电厂密切配合，终于在 1958 年 8 月 1 日研制出了我国第一台数字电子计算机，这一型号的计算机后来被命名为 DJS-1 型计算机。

12. 中国科学技术协会成立

成立各种专门组织，有利于促进行业、部门的发展，因此许多领域都有一些专门组织，例如文学联合会、商业联合会等。在科学技术领域也有一些组织，如科学技术协会。

我国的科学技术协会成立于 1958 年 9 月，它的前身是中华全国自然科学专门学会联合会（简称全国科联）和中华全国科学技术普及协会（简称全国科普）。1958 年 9 月 18 日到 25 日，全国科联和全国科普合并，成立中华人民共和国科学技术协会，地质学家李四光任协会主席。

中国科学技术协会的成立，对推动我国科技发展、促进科学工作者之间的交流起了积极作用。

13. 发现大庆油田

石油是工业的血液，没有石油，发展工业就无从谈起。新中国成立前，我国一直被认为是贫油国，当时，我国只有陕西延长、甘肃老君庙、新疆独山子三个小油田。外国专家断言，中国没

▲ 大庆油田

有大的油气储藏，是一个贫油国。

新中国成立后，为了打破外国的封锁和垄断，国家决定勘探我国的石油资源。1958年，我国在松辽地区展开了大规模石油勘探。当年7月和8月，松基一井、松基二井陆续开钻，但都没有钻出石油。1959年4月11日，在松辽平原肇州县大同镇西北部打的松基井开钻，经过5个多月的钻探，终于在9月26日打出了第一口油井，至此，大庆油田被发现。因为这一年正是国庆十周年，因此这片油田被命名为大庆油田。

1960年，大庆油田正式开发，它由48个规模不等的油气田组成，面积6000平方千米，探明油气储量50多亿吨。

大庆油田是新中国自己发现和建设的第一个特大型油田，它的发现使中国摆脱了贫油国的帽子，同时也为中国工业的发展奠定了基础。

14. 第一枚火箭发射成功

1958 年 9 月，中国第一枚高空探测火箭在吉林省白城市的荒野上腾空而起，冲向天宇，揭开了中国空间探测的新时代。

这枚火箭被命名为"北京二号"，由北京航空学院（现为北京航空航天大学）的师生研制并发射成功。1956 年，我国第一个导弹研究机构——国防部第五研究院正式宣布成立。接着，作为中国第一所航空航天综合性大学的北京航空学院，于 1958 年初建成我国第一个包括导弹、发动机和制导系统等专业的火箭系。

探空火箭的

▼ 火箭发射

设计工作是从 1958 年 3 月开始的。当时，高空探测火箭尺寸虽小，但已具备现代火箭的各个系统，试验项目繁多。研制高空探测火箭的另一个困难是，任务急、时间短，设计时间仅 3 个月，加工制造也不足 100 天。

由于当时我国还没有建立起探空火箭发射基地，几经周折最终将发射地点定在吉林省白城子炮兵靶场。9 月 22 日，发射编号为 101 号的火箭。按计划，这次主要试验第一级固体火箭发动机。下午 6 点 20 分，操作员按下按钮，火箭发动机点火，随着轰轰巨响，整个火箭顺利离开发射架顶端。6 秒钟后，发动机停止工作，火箭靠惯性上升直至消失。

1958 年 9 月 24 日至 10 月 3 日，又接连发射了 3 枚二级固体火箭和 2 枚二级一固体一液体火箭，均获成功。

15. 人民大会堂建成 ★★★

在天安门广场上，人民大会堂是十分醒目的建筑，它是新中国的标志性建筑。

在建国十周年之前，国家决定兴建十大建筑来展现十年建设成就，这些建筑完全由我国自行研究设计，人民大会堂就是这十大建筑之一。

1958 年 10 月，人民大会堂开始动工，1959 年

▲ 人民大会堂

9 月，工程就完成了，工期仅仅用了 10 个月。人民大会堂初建时名为"万人大礼堂"，建成后由著名桥梁专家茅以升提议改名为"人民大会堂"。

人民大会堂坐西朝东，南北长 300 多米，东西宽约 200 米，占地面积 15 万平方米。建筑平面呈"山"字形，两翼略低，中部高。它外表为浅黄色花岗岩石，上面有黄绿相间的琉璃瓦屋檐，下面有 5 米高的花岗岩基座，周围有 134 根高大的圆形廊柱。

人民大会堂正门面对天安门广场，门额上镶嵌着中华人民共和国国徽。建成后的人民大会堂成为全国人民代表大会、中国人民政治协商会议和中国共产党全国代表大会等重大会议的会场。此外，人民大会堂还成为北京的标志之一。

　　粒子是人们熟知的概念，然而，"反粒子"呢？科学家们在长期的科学研究中发现：微观世界中任何一种粒子都存在着相应的反粒子。反粒子具有与粒子完全相同的静止质量，相等的电荷量，但电荷、重子数、轻子数、奇异数等则正好相反。当反粒子和粒子碰撞在一起时，就会产生"湮没"（二者都消失，全部能量都转变为其他粒子及动能）。同样，如果两个粒子发生高能碰撞，只要能量足够大，也能产生反粒子。

　　1956 年秋，已在世界核物理学界声名远扬的王淦昌来到了苏联杜布纳联合原子核研究所，任高级研究员，后任副所长。作为一个实验物理学家，他亲自领导并参加多个高能实验物理研究工作。当时，在尖端的高能基本粒子物理领域有许多重要课题尚待解决，令科学家们绞尽脑汁的一项课题就是：反粒子的存在是否是普遍规律？王淦昌当时也投入了对这一问题的研究。

　　50 年代末，王淦昌在 100 亿电子伏质子同步稳相加速器上做实验时发现了反西格玛负超子。反西格玛负超子的发现，在当时引起了巨大轰动。苏联《自然》杂志指出："实验上发现反西格玛负超子是在微观世界的图像上消灭了一个空白点。"

世界各国的报纸纷纷刊登了关于这个发现的详细报道。关于反西格玛负超子发现的意义，当时，科学家认为"其科学上的意义仅次于正电子和反质子的发现"。后来，欧洲中心的300亿电子伏加速器上发现了另一种反超子——反克赛负超子。于是，在高能物理的历史上，反西格玛负超子和反克赛负超子被并列为公认的最早发现的两个负超子。这两项发现对证实反粒子的普遍存在提供了有力的证据。

17. 第一枚近程导弹发射成功 ★★★

国防力量是国家安全的根本保证，导弹属于重要的国防力量。新中国成立后，我国在重视常规武器改善的同时，还以极大的勇气和信心投入到导弹核武器的研制中。

早在1955年1月，中共中央书记处扩大会议在毛泽东的主持下，做出了发展中国原子能事业、研制核武器的战略决策。1956年3月14日，由周恩来召开会议，做出发展中国导弹事业的重大决策。此后，国防科技发展的重点开始转向突破原子弹、导弹的技术方面课题。

为加强国防科学技术研究工作的领导，1956年4月13日，成立了中华人民共和国国防部航空工业委员会，负责导弹的研制和航空工业的发展工作。同时，总参谋部装备计划部成立科研处，负责筹划常规武器装备的科研工作。

▲ 弹道导弹发射

为了加强试验，1955 年 9 月 10 日，人民解放军某导弹发射试验基地的科技人员、干部和战士使用国产推进剂，自行操作，发射了一枚苏制弹道式地地导弹，导弹准确命中目标。这是中国发射的第一枚近程弹道导弹，这次发射全面检验了各种工程技术设施和配套设备，锻炼、考核了中国第一支导弹试验队伍独立进行试验的组织指挥、技术操作和勤务保障能力。

1960 年 11 月 5 日 9 时，中国自行制造的第一枚近程地地导弹在某导弹试验训练基地发射成功。12 月 6 日和 16 日，又成功地发射了 2 枚，其中 1 枚为遥测弹，取得了比较完整的遥测数据，为发展中程导弹积累了经验。

18. 第一块集成电路研制成功 ★★★

　　1961 年初，中科院和国防科工委共同向中科院物理所下达了代号为"0515"的微型电路组件研制项目。这是当时我国为赶上国际尖端科技而提出的第一个微型固体电路（即集成电路）研究项目，其目的主要是将其用于计算机制造上。

　　在开展该研究项目时，面临几个难题：一是在技术上没有找到国外微型固体电路的文献、资料和样品，因此研究工作具体方案步骤都要靠自己摸索；二是当时国内还只能做出锗晶体管而不能做硅器件，因此也只能采用锗元器件技术；另外，当时该研究组人员都很年轻，科研经验不足。

▼ 集成电路

在工作的第一阶段，研究人员主要完成了调研国外有关文献资料，探索几种工艺途径，并确定研制方案等工作；第二阶段各组分别完成了从材料选择、元器件芯片制造、电路设计、组装及测试技术等方面的全部工作；第三阶段经过多次测试筛选基片后进行全加器电路的组装，最终做出了两块合格的电路。经过严格的逻辑功能和动态波形曲线测试，这块集成电路完全达到全加器的要求，由此我国的第一块集成电路研制成功。

我国自行研究成功的第一块集成电路与美国的集成电路实际技术方案及技术水平都基本相同，而时间上仅仅比美国晚三年。

19. 发现蓝田猿人 ★★★

1963 年 7 月 19 日，中国科学院古脊椎动物与古人类研究所的一个野外考察队，在陕西省西安市东南的蓝田县发现了一个猿人的下颌骨，这是当时我国发现的最完好的猿人下颌骨，是研究人类起源的一个新的宝贵的科学材料。与猿人化石一起被发现的还有豺、虎、古象、野猪、斑鹿等众多哺乳动物的化石。这些化石埋藏在 30 多米厚的土层下，在离猿人化石约 1000 米的同一地层里，还发现了一块带有人工打制痕迹的石块，这很可能是猿人使用的简单的劳动工具。根据猿人化石

从奠基到辉煌：中国科技之路

和哺乳动物化石以及地层层位的关系来判断，这种化石的地质时代是第四纪更新世中期，与在北京周口店发现中国的北京猿人化石的地质时代相同，但它比周口店第一地点的中国猿人稍早些，离现在大约有 115 万~65 万年。

20. 克隆鲤鱼成功

1963 年，中国科学家童第周通过将一只雄性鲤鱼的遗传物质注入雌性鲤鱼的卵中从而成功克隆了一只雌性鲤鱼，这比第一只克隆羊"多利"早了 33 年。由于相关的论文发表在中文科学期刊上，没有翻译成英文，所以童第周的这一成就并不为国际上所知晓。

21. 第一颗原子弹爆炸成功

新中国建立后，面临的外部局势十分严峻，一些大国利用核武器对我国进行核威胁。为了维护国家安全，为国内发展赢得稳定的外部环境，我国决定进行核武器研究。

1956 年 10 月，中共中央、中央军委批准了聂荣臻元帅提出的发展中国核武器的计划。1957 年，经过协商，中国与苏联签订了国防技术协议，苏联承诺帮助中国研制原子弹。

1958 年，我国建成了第一座实验性原子反应堆，研制原子弹的工作进展顺利。然而在这时，中苏关系恶化，苏联随即撤走了专家。苏联的撤出给中国的原子弹研制工作造成了很大损失，但中国人没有放弃，当时，中共中央毅然决定自己动手，完成原子弹研制任务。

经过几年艰苦努力，1963 年 3 月完成第一颗原子弹的理论设计方案；1964 年 6 月 6 日，在研制基地，爆炸试验了一颗准原子弹（除未装核材料以外，其他均是未来原子弹爆炸时用的实物），取得理想的效果。1964 年 10 月 16 日，我国第一枚原子弹爆炸成功，至此，中国成为世界上第五个拥有原子弹的国家。

中国第一枚原子弹研制成功是各方共同努力的结果，当时一大批优秀的中国科学家放弃国外优厚条件，毅然回国参与祖国的原子弹研究。同

▼ 原子弹爆炸

时，国内科研人员无私奉献、艰苦努力，全国各条战线全力支持研制工作。正是全国人民上下一心，才使我国能在很短的时间内研制出原子弹。

22. 我国自行设计制造的中近程导弹试验成功

　　1960 年 11 月 5 日，中国仿制的第一枚近程导弹发射成功。1962 年 3 月初，中国自行设计的第一枚导弹运往酒泉发射场，3 月 21 日，导弹发射失败，后经认真总结，找到了问题症结。1964 年 6 月 29 日，修改设计后的导弹试验取得圆满成功，中国自行设计的第一枚近程导弹研制成功。

　　20 世纪 60 年代中期，中国开始新型号中程导弹的研制工作。1965 年 3 月方案设计阶段结束，随即转入初步设计、技术设计、试制生产、地面综合试验等阶段。1966 年底飞行试验成功。整个研发过程只用了一年零九个月的时间。

23. 人工合成结晶牛胰岛素成功

　　胰岛素是动物胰腺分泌的一种激素，它具有降低血糖和调节体内糖类代谢的功能，因此，使用胰岛素可以有效治疗糖尿病。结晶胰岛素是一种活性蛋白，蛋白质研究一直被喻为破解生命之谜的关节点，人工合成胰岛素，标志着人类在揭开生命奥秘的道路上取得巨大进步。

　　1958 年 12 月底，我国人工合成胰岛素课题正式启动。该项研究由中国科学院有机化学研究所与北京大学化学系有机教研室合作进行。北京大学的邢其毅教授、张滂教授和陆德培等 4 位青年教师、季爱雪等 4 位研究生一起，带领有机化学专业的 10 多名应届毕业生展开研究；上海生化所则建立了 5 个研究小组，各研究小组分头探路。

　　当时的蛋白质研究正是世界生物化学领域研究的热点，甚至被视作"破解生命之谜的关节点"。作为蛋白质的一种，胰岛素由胰腺的胰岛β细胞分泌，由 A、B 两条肽链，共 26 种 51 个氨基酸组成。根据这些特点，研究过程分成了三步：第一步，先把天然胰岛素拆成两条链，再把它们重新合成为胰岛素，研究小组在 1959 年突破了这一关。重新合成的胰岛素是同原来活力相同、形状一样的结晶；第二步，合成胰岛素的两条链后，用人工合成的 B 链同天然的 A 链相连接——这种牛胰岛素的半合成在 1964 年获得成功；第三步，经过考验的半合成的 A 链与 B 链相结合。研究人员将重点放在了解决"如何使 A 链和 B 链通过氧化重新组合起来"上。这意味着要

▲ 人体注射注射胰岛素

将胰岛素分子还原、分离、纯化。最后，通过小鼠惊厥实验证明了纯化的人工合成胰岛素确实具有和天然胰岛素相同的活性。

合成过程中，研究人员向人工合成的牛胰岛素中掺入了放射性 14C 作为示踪原子，与天然牛胰岛素混合到一起，经过多次重新结晶，得到了放射性 14C 分布均匀的牛胰岛素结晶，证明了人工合成的牛胰岛素与天然牛胰岛素能完全融为一体，它们是同一种物质。

24. 数学家陈景润取得哥德巴赫猜想证明 ★★★

哥德巴赫是德国一位中学教师，也是一位著名的数学家，他生于 1690 年，1725 年当选为俄国彼得堡科学院院士。1742 年，哥德巴赫在教学中发现，每个不小于 6 的偶数都是两个素数（只能被 1 和它本身整除的数）之和，如 6=3+3，12=5+7 等等。公元 1742 年 6 月 7 日哥德巴赫写信给当时的大数学家欧拉，提出了以下的猜想：

(a) 任何一个≥6 之偶数，都可以表示成两个奇质数之和。

(b) 任何一个≥9 之奇数，都可以表示成三个奇质数之和。

用当代语言来叙述，哥德巴赫猜想有两个内容，第一部分叫作偶数的猜想，第二部分叫作奇数的猜想。偶数的猜想是说，大于等于 6 的偶数一定是两个奇数的和。奇数的猜想指出，任何一个大于等于 9 的奇数都是三个奇数的和。

实际上第一个问题的正确解法可以推出第二个问题的正确解法，因为每个大于 7 的奇数显然可以表示为一个大于 4 的偶数与 3 的和。1937 年，苏联数学家维诺格拉多夫利用他独创的"三角和"方法证明了每个充分大的奇数可以表示为 3 个奇数之和，基本上解决了第二个问题。但是第一个问题一直未被解决。这就是著名的哥德巴赫猜想。

欧拉在 6 月 30 日给他的回信中说，他相信这个猜想是正确的，但他不能证明。如此简单的问题，连欧拉这样首屈一指的数学家都不能证明，这使得全世界的数学家立即对这个问题产生了浓厚的兴趣。但是，两百年过去了，却始终没有人能证明它。哥德巴赫猜想由此成为数学皇冠上一颗可望不可即的"明珠"。

到了 20 世纪 20 年代，才有人向哥德巴赫猜想靠近。1920 年挪威数学家布朗用一种古老的筛选法证明，得出了一个结论：每一个比较大的偶数都可以表示为 9 个质数的积加上 9 个质数的积，简称 9+9。这种方法很管用，科学家们于是从（9+9）开始，逐步减少每个数里所含质数因子的个数，直到最后使每个数里都是一个质数为止，这样就证明了哥德巴赫猜想。

从奠基到辉煌：中国科技之路

1966 年，中国数学家陈景润提出"陈氏定理"："任何充分大的偶数都是一个质数与一个自然数之和，而后者仅仅是两个质数的乘积。"通常都简称这个结果为大偶数可表示为"1 + 2"的形式。这是两百多年以来对哥德巴赫猜想的最佳证明。

陈景润毕业于厦门大学数学系，后来在厦门大学当资料员。1956 年，他调入中国科学院数学研究所，1980 年当选中科院物理学数学部委员，研究解析数论。1966 年，陈景润发表《大偶数为一个素数及一个不超过两个素数的乘积之和》（简称"1+2"），论文中提出了一套论证哥德巴赫猜想的理论，即"陈氏定理"。 陈景润的研究成果受到世界数学界和著名数学家的高度重视和称赞，英国数学家哈伯斯坦和德国数学家黎希特把陈景润的论文写进数学书中，并称他的理论为"陈氏定理"。

陈景润用自己的聪明才智解决了世界数学难题，为数学的进步做出了贡献，同时，他也为祖国增添了光荣。

25. 中国第一枚核导弹试验成功 ★★★

核导弹是携带有核弹头，能够达成远距离投送任务的导弹。核导弹是在原子弹的基础上研制的，美国在研制出原子弹 13 年后才研制出第一枚核导弹。因此美国当时预言中国在原子弹爆炸后，要研制成核导弹至少还需要 10 年时间。

为了打破超级大国的核垄断和核威胁，中国决心也要掌握导弹核武器。研制核导弹的一个关键内容是研制运载火箭。1964 年 7 月，我国连续发射了 3 枚自行设计制造的中程导弹，全部获得成功。著名科学家钱学森为此向聂荣臻元帅提出，以自行设计的中程导弹为基础，研制能运载核弹头的改进型运载火箭，使导弹的射程、精度、使用性能等指标，符合导弹核武器的实战要求。在科研人员的奋力拼搏下，改进型运载火箭从方案设计到完成飞行试验，仅用了 10 个月时间。

▼ 核导弹爆炸

第一颗原子弹的爆炸成功，表明我国已经具备了制造核装置和进行核试验的能力。但导弹运载的核弹头，要求既小型化又威力大，还要经受住弹头再入环境的考验。于是，研究人员提出，要进行原子弹空爆试验，验证原子弹在动态下的技术性能。1965 年 5 月 14 日，我国用轰炸机投掷的方式进行了第二次原子弹爆炸试验。原子弹在距地面一定高度和爆炸目标中心点所要求的范围内，准确实现了空爆，试验达到了预定目标。

火箭研制和第二次原子弹爆炸试验的成功，为研制导弹核武器打下了坚实的基础，因此中央决定，将"两弹"结合进行一次弹道式导弹核武器全程发射试验。1966 年 10 月 24 日，毛主席、周总理批准实施导弹核武器发射试验。10 月 25 日，聂荣臻元帅受中央委托，亲临发射场主持发射试验。10 月 26 日，导弹核武器安全转运至发射阵地。10 月 27 日凌晨，随着隆隆巨响，导弹像一条巨龙一样载着核弹头，向千里之外的预定目标飞去。不久，落区报告，核弹精确命中目标，成功实现核爆炸。

中国核导弹爆炸震惊了世界，西方报刊惊呼："中国这种闪电般的进步，是神话般的不可思议。"是的，美国从第一颗原子弹爆炸到第一枚导弹核武器诞生，用了 13 年，新中国仅用了 2 年时间。

　　氢弹亦称"热核武器"，它是一种利用氢元素原子核在高温下聚变反应，瞬间放出巨大能量起杀伤破坏作用的武器，它主要由装料、引爆装置和外壳组成。氢弹爆炸时，作为引爆装置的原子弹首先爆炸，产生数千万度高温，促使氘氚等轻核急剧聚变，放出巨大能量，形成更猛烈的爆炸。

　　1967 年 6 月 17 日，我国自行设计制造的第一颗氢弹在西部地区成功爆炸。这次试验是中国继第一颗原子弹爆炸成功后，在核武器发展方面的

▼ 氢弹爆炸

又一次飞跃，标志着中国核武器的发展进入了一个新阶段。

在氢弹爆炸成功的同时，中国政府重申："中国进行必要而有限制的核试验，发展核武器，完全是为了防御，其最终目的就是为了消灭核武器。在任何时候，任何情况下，中国都不会首先使用核武器。"

27. "长征一号"火箭研制成功

1970 年 4 月 24 日，"长征一号"火箭把"东方红一号"卫星送入预定轨道，叩开了太空的大门。

"长征一号"火箭是从 1965 年开始提出方案，在我国中远程导弹的基础上，研制成功的三级火箭。火箭第一、二级用液体燃料火箭发动机，第三级用固体燃料火箭发动机。火箭全长 29.45 米，最大直径 2.25 米，起飞质量 81600 千克，起飞推力 1100 千牛，近地轨道运载能力 300 千克。

28. "东方红一号"卫星发射

1970 年 4 月 24 日，中国第一颗人造地球卫星"东方红一号"在酒泉卫星发射中心成功发射，由此开创了中国航天史的新纪元。中国成为继苏、美、法、日之后世界上第五个独立研制并发射人造地球卫星的国家。

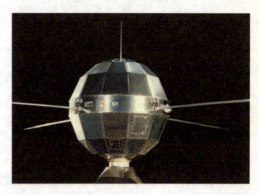

▲ 东方红一号

"东方红一号"卫星由"长征一号"运载火箭送入近地点441千米、远地点2368千米、倾角68.44度的椭圆轨道。在轨道上，它测量了卫星的工程参数和空间环境，并进行了轨道测控和《东方红》乐曲的播送。

"东方红一号"卫星的主要任务是进行卫星技术试验、探测电离层和大气层密度。卫星外形近似球形，质量173千克，直径约1米，转速为120转/分。外壳表面为经过处理的铝合金材料，球状的主体上共有4条2米多长的鞭状超短波天线，底部有连接运载火箭用的分离环。

"东方红一号"卫星的重量超过苏、美、法、日四个国家第一颗卫星重量的总和，而且在跟踪手段，信号传递方式、星上温控技术都超过世界先进水平。

29. "实践一号"发射成功 ★★★

1971年3月3日，"长征一号"火箭把"实践一号"科学探测试验卫星成功发射入轨。卫星入轨后，跟踪测轨系统工作良好，实现了及时预报轨道的要求。这颗卫星轨道的近地点为266千米，远地点为 1826 千米，轨道平面倾角 69.9 度，绕地球一周 106 分钟。

"实践一号"的外形与"东方红一号"卫星相似，为 72 面球形多面体，质量比"东方红一号"卫星增加了近 50 千克，总质量 221 千克。其主要任务是试验太阳能电源系统、遥测设备、温度控制系统及无线电线路在空间环境下的长期工作性能，测量高空磁场、X 射线、宇宙射线等空间环境数据。

"实践一号"卫星在太空运行 8 年，这大大超过了它的设计寿命。1979 年 6 月 11 日才坠落。

30. 我国研制的第一枚洲际导弹首次飞行成功

1980 年 5 月 18 日，中国第一枚洲际导弹发射，导弹以超出音速 20 倍的速度飞向预定海域。

在距离海面还有几千米高度时，装有导弹飞行参数的数据舱自动从导弹头部射出，飘落洋面。与此同时，火箭弹头发着极其耀眼的光芒，一头扎进海里。随即，海水像开了锅似的沸腾起来，水蒸气随着激起的近 200 米高、直径约 30 米的水柱一起升高，形成一个庞大的水蒸气雾团，8 千米以外的一艘拖船都被这巨浪掀得倾斜了。与此同时，4 艘测量船向指挥部报告了落点。经计算，落点误差只有 250 米，远远低于导弹研制部门提出的 2 千米的误差指标。这枚导弹从我国西北边陲大漠起飞，到南太平洋孤海溅落，对飞行 9000 多千米的洲际导弹来说，这种射击精度，相当于步枪击中千米之外的一个乒乓球。

中国人完全依靠自己的力量研制成功的洲际导弹向世界庄严宣告：中国的战略武器能力已经达到实用阶段，中国的导弹靶场试验能力和测控、通信能力也提高到了一个新的水平！

31. 发现长沙马王堆汉墓 ★★★

位于长沙东郊的马王堆西汉墓是建国以来最重大的考古发现之一，也是 20 世纪惊动世界的重大考古发现。在这里，不仅出土了一具 2000 年前的女尸，更为重要的是，3000 多件珍贵文物的出土，生动具体地揭示了汉代文景之治时期政治、

▼ 马王堆汉墓遗址

经济、科学、军事、文化、艺术等方面的发展水平，马王堆文化成为西汉文明的形象缩影。

1972 年，某部队在马王

堆所在位置挖掘防空洞时，无意中发现了这座古墓。后来在极为困难的情况下，经过湖南省博物馆和中国科学院考古研究所的专家们的努力，终于揭开了这座大墓的神秘面纱。

在马王堆汉墓的三个墓中，二号墓由于早在唐代就被盗掘，而三号墓也因白膏泥密封不严，其墓主早已仅存尸骨。唯独墓主人是长沙丞相夫人的一号墓避开了被盗的厄运，保存完好。这位雍容华贵的丞相夫人出土时，其外形完整无缺，全身皮肤细腻，皮下脂肪丰满，软组织尚有弹性。在往其体内注射防腐剂时，其血管还能鼓起来，就连手指和脚趾上的纹路都非常清楚，令人不可思议。

马王堆汉墓还发掘出了大量珍稀文物。其中有帛画9幅，而那幅被称为"卦象图"的帛画，到目前为止还没人破译出它的真正内涵。而在马王堆三号墓出土的12万字帛书，是继汉代发现的孔府壁中书、晋代发现的汲冢竹书、清末发现的敦煌经卷之后的又一次重大古文献发现，对中国文献学和中国学术史的研究具有极重要的价值和意义。其内容涵盖了中国古代传统图书分类中除诗赋类之外的所有门类，而且大部分是失散已久的汉初乃至战国时期的珍贵历史文献，因而受到学术界的高度重视。

另外大墓中还出土了近千支简牍、大量的封泥、印章以及各种服饰和纺织品。其中有世界上仅见的重仅 49 克的素纱禅衣，还有大量乐器、兵器、漆器、陶器、竹木器、金属品、食品、香料、中草药、泥质冥钱等。

马王堆丰富的遗存使得它成为一个热门的研究对象，现在，研究马王堆已经成为一种专门的学问。

32. 青蒿素研制成功 ★★★

青蒿素是一种从叫黄花蒿的植物中提取的抗生素，这种抗生素对治疗疟疾有很好的疗效。

疟疾是蚊虫叮咬引发的传染病，它曾经极大地危害了人类的健康，造成了不亚于战争的灾难。

1967 年 5 月 23 日，我国决定研制能治疗疟疾的新药，由周恩来总理领导这项工作，项目代号为 523。

1967 年 5 月到 1972 年，全国的科研人员花费了大量精力，几乎将古代的各种医药信息查了个遍，最终还是没有找到治疗疟疾的有效方法。

1973 年，云南省药物研究所研究员罗泽渊在看到云南大学校园里的青蒿后，起了用这种植物做研究的念头。她对这种青蒿进行了提取，研究所的另一名研究员黄衡看到罗泽渊提取的青蒿的一种结晶竟能杀死疟原虫。发现这一现象后，黄衡担心这只是一个偶然，所以他又做了多次试验，经过不断试验，证明青蒿提取物确实能杀死疟原虫，是治疗疟疾的良药。

1973年底，科研人员确定了青蒿结晶具有高效、低毒抗鼠虐的特点。由于这种结晶是从黄花蒿中提取的，因此它被命名为黄花蒿素，不过通常人们还是称它为青蒿素。

青蒿素研制成功后，立刻被应用于临床，效果显著，挽救了千万人的生命。

33. 袁隆平研究籼型水稻成功

1964年，袁隆平发现了水稻的天然雄性不育株，随后他发表了《水稻的雄性不育性》的论文，开始了我国籼型杂交稻的研究。

此后经历6年的探索，袁隆平提出了利用"远缘的野生稻与栽培稻杂交"的设想。在该设想的指导下，他和助手于1970年11月在海南发现花粉败育的野生稻（简称"野败"），为培育不育系和"三系"配套打开了突破口。

1972年，由中国农业科学院和湖南省农业科学院牵头，有13个省区市参加的水稻雄性不育和杂种优势利用研究被列为全国农林重大科研协作项目，并先后育成了一批矮秆水稻的雄性不育系和保持系，并从国外引进品种中筛选到恢复系配成了优质组合。

▲ 水稻

1973 年，我国籼型杂交水稻"三系"配套成功。1976年籼型杂交稻在全国进行大面积推广应用。

我国的籼型杂交水稻是完全依靠自己的力量培育成功的，是水稻育种史上继高秆变矮秆之后的又一次重大突破，标志着我国水稻育种发展到了一个新的水平。

34. 发现秦兵马俑 ★★★

秦始皇兵马俑坑位于西安市临潼区城东 6 千米的西杨村南，西距秦始皇帝陵 1200 多米，是秦始皇陵园中最大的一组陪葬坑，坑中所埋藏的浩大俑群是秦王朝强大军队的缩影。

1974 年，西杨村农民打井时意外地发现了这一地下奇观。秦兵马俑由三个大小不同的坑组成，它们的编号分别为一号坑、二号坑、三号坑，三

▼ 兵马俑

个俑坑总面积近 2 万平方米，坑内共有同真人、真马大小相似的陶俑、陶马约 8000 件，实用兵器数以万计。

俑坑中陶俑、陶马按古代军队的编队排列。一号坑内是由 6000 多件陶俑、陶马及 40 余辆战车组成的长方形军阵；二号坑为步兵混合军阵，有陶俑 900 多件、战车 89 辆、驾车陶马 356 匹、鞍马 100 余匹；三号坑中有 68 件陶俑、4 匹陶马和 1 辆战车，它是一、二号坑军团的统帅部。

秦兵马俑出土的各类陶俑，按照不同身份分为将军俑、军吏俑、武士俑等几个级别，其服饰、冠带、神姿各不相同，千姿百态。几千件俑没有一张相同的脸，这充分体现了我国古代劳动人民的聪明和智慧。

秦兵马俑发现后，震惊了世界，它被誉为"世界第八大奇迹"、20 世纪考古史上最伟大发现，1987 年它被联合国教科文组织列入《世界文化遗产名录》。

35. 宝成铁路建成 ★★★

宝成铁路是指从陕西省宝鸡市到四川省成都市的铁路干线，它与成渝铁路、成昆铁路两条铁路衔接，是沟通我国西北地区和西南地区的重要干线。

宝成铁路全长 600 多千米，途经陕西、甘肃、四川 3 省，铁路沿线的主要城市有宝鸡、广元、绵阳、德阳、成都等。

1952 年宝成铁路在成都动工，1954 年宝鸡一端也开始动工，1956 年 7 月 12 日两端于甘肃黄沙河接轨。

宝成铁路的建设难度很大。整个工程要打穿上百座大山，填平数百个深谷，横穿秦岭、巴山和剑门山，还要跨过嘉陵江。为了建成这条南北大动脉，当时国家投入了大量的人力物力。当施工进入紧张阶段的时候，曾经动用了中国新建铁路一半左右的劳动力和五分之四的机械筑路力量。这条铁路的修建共用了 4 年多的时间，接轨时间比预定的日期提前了 13 个多月。1958 年 1 月 1 日宝成铁路正式通车。

从 1958 年 6 月起，宝成铁路进行了电气化改造工程。1960 年 6 月建成宝鸡至凤州段工程，1967 年开始进行剩余部分改造，1975 年 7 月 1 日全线完成电气化改造。至此，宝成铁路成为中国第一条电气化铁路。

36. 我国首颗返回式卫星发射成功 ⭐⭐⭐

1975 年 11 月 26 日，我国首颗返回式卫星发射成功，3 天后卫星顺利返回，至此，我国成为世界上第三个掌握卫星返回技术的国家。

我国首颗返回式卫星在酒泉卫星发射场完成了技术阵地的测试工作，随后即转往发射阵地。

在完成了发射前的准备工作后，卫星于 1975

▲ 卫星

年 11 月 26 日按时发射。随后卫星进入了预定的轨道，其轨道近地点高度 173 千米，远地点高度 483 千米，轨道倾角 63 度。卫星入轨后，由分布在各地的地面测控站对卫星进行跟踪、测轨、遥测和遥控。

完成预定任务后，卫星安全返回了地面。

37. 中国第一座地热发电站建成 ⭐⭐⭐

位于西藏北部羊八井草原深处的羊八井地热电厂，是我国目前最大的地热试验基地，也是当今世界唯一利用中温浅层热储资源进行工业性发电的电厂。

羊八井距拉萨 90 多千米，过去是一片牧场，从地下汩汩冒出的热水奔流不息、热气日夜蒸腾。从 1974 年开始，国家把羊八井开发作为重点科技攻关项目，先后拨出 2 亿多元资金用于研究羊八井地热资源的开发。经过藏汉工程技术人员的艰苦努力，羊八井丰富的地热资源开始被开发利用。1975 年，西藏第三地质大队用岩心钻在羊八井打出了我国第一口湿蒸汽井，第二年，我国第一台兆瓦级地热发电机组在这里成功发电。自此，羊八井地热电站进入了工业性发电阶段。

▲ 地热发电站

　　1978 年 3 月 18 日，中共中央在北京人民大会堂召开了全国科学大会，会议有 6000 多人参加。在大会上，时任中共中央副主席，国务院副总理的邓小平发表重要讲话，提出了"科学技术是第一生产力"的重要论断。大会宣读了中国科学院院长郭沫若的书面讲话——《科学的春天——在全国科学大会闭幕式上的讲话》，会上先进集体和先进科技工作者受到了表彰。

　　这次大会是我国在粉碎"四人帮"之后，国家百废待兴的形势下召开的一次重要会议，也是中国科技发展史上一次具有里程碑意义的大会。邓小平在这次大会的讲话中明确指出"现代化的关键是科学技术现代化""知识分子是工人阶级的一部分"，重申了"科学技术是生产力"这一马克思主义基本观点；澄清了长期束缚科学技术发展的重大理论是非问题，打开了"文化大革命"以来长期禁锢知识分子的桎梏，迎来了科学的春天。大会还通过了《1978—1985 年全国科学技术发展规划纲要（草案）》，这是我国的第三个科学技术发展长远规划。

39. 我国参加第一次全球大气实验 ★★★

1978 年 12 月 18 日，我国派两艘海洋调查船——"实践"号和"向阳红 09"号参加第一次全球大气实验。

第一次全球大气实验是由世界气象组织实施的国际气象领域的一项重要科研活动。我国两艘海洋调查船在此次大气实验中担负的任务是到指定热带海区观测当地高空气象（包括风、压力、温度、湿度）和海面气象，以及水下的深度、温度等。

此次试验从 1977 年 12 月持续到 1979 年 11 月，其中第一年为准备阶段，第二年为实施阶段。

40. 汉字激光照排技术的发明 ★★★

汉字激光照排技术就是利用照相技术进行排版的技术，1979 年，北京大学教授王选和他的团队经过十几年的探索研究，成功发明了这项技术。

随着计算机技术和光学的发展，20 世纪中期，西方国家就开始采用电子照排技术，而 20 世纪 70 年代的中国仍然使用传承几百年的铅字印刷。

限制中国印刷业发展的关键就是汉字在计算

机中的存储问题。1974 年 8 月，为了解决汉字信息处理问题，当时的四机部、一机部等五家单位联合向国务院和国家计委提出报告，要求将研制汉字信息处理系统工程作为国家重点科研项目。在周恩来总理亲自关怀下，很快由国家计委批准立项，定名为"748"工程，列入国家科学技术发展计划。在获悉这项工程后，当时在家养病的北大教师王选主动着手开始了对汉字精密照排技术的研究。

王选了解了当时国际上的照排技术的发展情况，决定跨越当时国际上流行的第二、三代照排系统，直接研制第四代，即激光照排系统，将字模以点阵的形式存贮在计算机中，输出时用激光束在底片上直接扫描打点成字。

王选研制的汉字激光照排系统解决了汉字存入和输出计算机的难题，其最核心的技术就是用汉字信息的高倍率压缩、高速还原和 RIP 的技术。

技术上的难题和当时工艺水平的问题被王选和他的团队所克服。终于，在 1979 年 7 月，汉字激光照排系统主体工程研制成功，并输出了第一张报纸样张《汉字信息处理》。1980 年 9 月，汉字激光照排系统排出了第一本样书《伍豪之剑》。

王选发明的汉字激光照排技术取代了我国沿用上百年的铅字印刷，引发了我国报业和出版业印刷的技术革命,是当代中国最有价值的发明之一。

41. 发现世界上第一个腊玛古猿头骨化石

腊玛古猿是生活在距今约 1400 万年到 800 万年之间的古老猿类, 它们一度被认为是人类的最早成员, 但后来南方古猿阿法种的发现对腊玛古猿属于人科的观点提出了挑战。

腊玛古猿的化石在巴基斯坦、土耳其、肯尼亚、希腊、匈牙利等国都有发现, 但这些地区发现的化石都很零散、细碎, 多为碎骨或牙齿化石。

1980 年 12 月 1 日, 在中国云南省禄丰县发现了一个腊玛古猿的完整头骨化石。该头骨化石虽然已经破裂成数十块, 但大部分保存完整, 颅骨内外保存有较为完整的颅内膜和颅外膜, 可进行头骨复原。

腊玛古猿化石的特征是: 颌骨缩短, 牙床不像其他猿类那样呈马蹄形, 而是近似于人的抛物线形, 牙齿的咬合面上皱纹比较少, 下犬齿也显得短而小, 枕骨大孔明显靠前。这些迹象表明, 禄丰腊玛古猿是"正在成长中的人"。禄丰腊玛古猿化石对于阐明人类起源的理论, 以及探寻人类起源的地点、时间等, 都具有十分重大的历史价值和科学意义。

　　三星堆遗址位于四川省广汉市西北，面积约12平方千米。这是一处距今5000年～3000年的青铜文化遗址，是迄今为止国内发现的西南地区范围最大、延续时间最长、文化内涵最丰富的文化遗址。

　　在三星堆遗址中发现了大量珍贵文物和极具

▼ 三星堆青铜面具雕像

历史价值的遗迹，这其中有高2.62米的青铜大立人、有宽1.38米的青铜面具，还有高3.95米的青铜神树。这些都是宝贵的文化遗产，堪称人类文化之瑰宝。

　　三星堆的发现比较早，在1929年，当地农民燕道诚偶然发现一处玉石坑，随后在1934年，由当时华西大学博物馆馆长葛维汉、广汉县县长组织考古队对三星堆

从奠基到辉煌：中国科技之路

进行了首次发掘。这次发掘后，三星堆的发掘就停滞了。

20 世纪 50 年代，考古工作者又恢复了对三星堆的发掘。1963 年，由冯汉骥领队，四川省博物馆、四川大学历史系组成的联合考古队再次发掘了三星堆遗址的月亮湾等地点，展现了三星堆遗址和文化的基本面貌。

到了 20 世纪八九十年代以后，三星堆遗址迎来了大规模连续发掘时期，这一过程持续了 20 年。

43. 我国"东风五号"洲际导弹全程飞行试验取得成功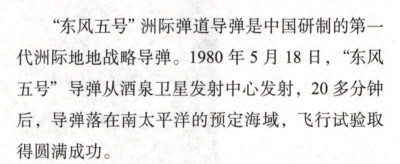

"东风五号"洲际弹道导弹是中国研制的第一代洲际地地战略导弹。1980 年 5 月 18 日，"东风五号"导弹从酒泉卫星发射中心发射，20 多分钟后，导弹落在南太平洋的预定海域，飞行试验取得圆满成功。

"东风五号"洲际导弹全长 32.6 米，弹径 3.35 米，起飞重量 183000 千克。它采用二级液体燃料火箭发动机，发射井发射，最大射程 1.2 万~1.5 万千米。"东风五号"洲际导弹可携带 1 枚 3000 千克的核弹头，或 4~5 枚分导核弹头，命中精度 500 米。

早在 60 年代，"东风五号"导弹就进入了研发过程。1970 年，导弹的设计基本完成。1971 年

3 月，第一枚"东风五号"遥测弹各种试验和总装工作完成。同年 9 月 10 日，中国第一枚洲际导弹在酒泉发射场进行飞行试验，获得基本成功，但也出现了一些问题。于是"东风五号"又进行了不断改进。直到 1980 年飞行试验取得圆满成功，"东风五号"洲际导弹才正式成为我国的国防利器。

44. 中国科学家人工合成酵母丙氨酸转移核糖核酸 ★★★

蛋白质、核酸和多糖是生物体内具有非常重要作用的生物分子。1965 年我国在世界上首次人工合成蛋白质——结晶牛胰岛素后，随即启动了人工合成核酸工作。

20 世纪 70 年代初，我国科学家决定选择来源于酵母、能接受丙氨酸的转移核糖核酸——酵母丙氨酸转移核糖核酸（由 76 个核苷酸组成）为人工合成对象。

在聂荣臻的支持下，中国科学院组织数个研究所开始工作，但由于当时正值"文化大革命"时期，人工合成酵母丙氨酸转移核糖核酸的研究工作受到了极大干扰。粉碎"四人帮"后，研究工作迅速调整并走向正轨，1981 年 11 月，这项研究终于顺利完成。

参加研制的单位除了中国科学院 4 个研究所——生化所、细胞所、有机所和生物物理所外，

还有北京大学生物系和上海化学试剂二厂。

酵母丙氨酸转移核糖核酸的合成成功标志着我国这类研究已达到国际水平。我国应用创新的合成方法得到的合成产物，与天然分子具有完全相同的化学结构。

人工合成酵母丙氨酸转移核糖核酸工作是中国科学史上的一件大事，这项工作完成之后，它与人工合成胰岛素一起作为中国生物大分子研究的两项重大成果而载入中学教科书。

45. 我国核潜艇第一次水下发射运载火箭 ★★★

1988 年 9 月 27 日，我国向预定海域发射运载火箭试验全部结束。这次试验的运载火箭，是由

▼ 核潜艇

我国自行研制的核潜艇从水下发射的，火箭准确降落在预定海域，整个试验获得圆满成功。

1988 年 9 月 28 日，《人民日报》刊登长篇通讯《中国核潜艇诞生记》，记述了这次发射和核潜艇研制情况，其中写道："导弹核潜艇发射运载火箭成功，标志着我国的国防尖端技术又跃到一个新水平。"

46. "银河－I" 巨型计算机诞生 ★★★

1983 年 12 月，我国第一台命名为"银河"的巨型计算机在国防科技大学研制成功。中国成为继美国、日本之后，第三个能独立设计和制造巨型计算机的国家。

改革开放之初，我国技术落后，西方国家对我国实行技术封锁。为了不让外国人"卡我们的脖子"，以慈云桂教授为代表的科研人员，瞄准当时世界上最先进的巨型机技术，扬长避短，集智攻关，在极其艰苦的条件下，依靠自主创新攻克了数百项关键技术，闯过了一个个理论、技术和工艺难关。经过 5 年夜以继日的顽强拼搏，我国首台巨型机终于横空出世，比预期提前了一年。

1983 年 12 月，首台巨型计算机经过 12 天连续拷机，主机运行 289 小时任务无一故障，顺利通过国家技术鉴定。中国从此成为继美国、日本之后第三个能独立研制巨型机的国家。

在此之后，国防科大又研制出"银河－II""银河－III"等系列巨型机，一步步将我国巨型机技术推向国际前沿。

47. 中国实验通信卫星发射成功

1984年4月8日，我国用新型"长征三号"运载火箭将试验通信卫星"东方红二号"送入赤道上空的静止轨道运行。西安卫星测控中心成功地对其进行一系列太空操作，一周内使卫星准确定点在3.6万千米的赤道上空。

这次发射成功使中国成为世界上少数几个掌握轨道转移、同步定点技术的国家，同时结束了中国长期租用国外通信卫星的历史。

48. 中国发现澄江动物化石群

澄江动物化石群位于云南省澄江县东部的帽天山地区，这里发现了大量寒武纪时期的动物化石。这些化石的发现使人们对生命演化史有了更清楚的认识，它被誉为20世纪最惊人的科学发现之一。

1984年7月1日，中国科学院南京古生物研究所研究员侯先光在云南省澄江县东部帽天山采集高肌虫动物化石时，无意中发现了这一古生物遗址。之后，南京、西安、昆明、北京等地的古生物学家先后对澄江动物群化石进行了多次大规模的采集。

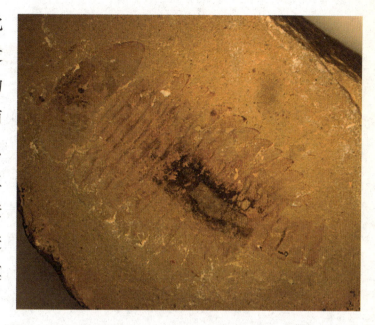

▲ 云南澄江虫化石

经过研究，澄江动物群主要由多门类的无脊椎动物化石组成。这些化石门类丰富，保存精美，发现的动物群达 40 多个门类，180 余种动物。其中不仅有大量海绵动物、腔肠动物、腕足动物、环节动物和节肢动物，还有一些鲜为人知的珍稀动物，以及形形色色的形态奇特、现在还难以归入任何已知动物门的化石。

从低等的海绵动物到高等脊椎动物，几乎所有的现存动物门，还有许多现在已经灭绝的动物类群，都可以在澄江动物群中找到它们各自的代表。因此，澄江动物群对研究寒武纪早期动物的身体构造、生活习性、演化以及当时的生态环境和化石的埋藏条件、保存方式都提供了重要科学依据。

49. 第一次南极考察与南极长城站建成 ★★★

　　1984 年 11 月 19 日，中国第一支南极考察队从上海乘坐中国远洋考察船"向阳红 10 号"踏上了前往南极的征途。

　　首次南极考察条件非常艰苦，因为在这之前我们没有任何极地科考经验，"向阳红 10"号不是破冰船也不是抗冰船，而是普通的科考船。考察船航行到赤道时，带的淡水也没有了，科考队员们每天只能用一缸子水。当 1984 年 12 月 26 日，考察队抵达了南极乔治王岛时，科考队员兴奋的心情是难以表达的，因为中国人终于踏上了南极这块土地。

　　乔治王岛的登陆地点是一片背靠雪山的荒凉海滩，当时在这片海滩上，乌拉圭、智利等几个国家也在争先恐后地建立考察站。新来的中国人面临着严酷的国际竞争，从登陆的第一天起，队员们就绷紧了神经，没有庆祝，没有观光，艰苦

▶ 南极长城站

的劳动从登陆日当天就开始。在第一批南极人的努力下，1985 年 2 月 20 日，南极科考队建成了中国第一座南极科学考察站——长城站。

50. 国家自然科学基金委员会建立 ★★★

20 世纪 80 年代初，为推动中国科技体制改革，变革科研经费拨款方式，中国科学院 89 位院士致函党中央、国务院，建议设立面向全国的自然科学基金。这一建议随即得到党中央、国务院的首肯。1986 年 2 月 14 日，国务院批准成立国家自然科学基金委员会（简称"自然科学基金委"）。

国家自然科学基金委员会负责组织、实施、管理国家自然科学基金项目，并根据国家发展科学技术的方针、政策和规划，以及科学技术发展方向，面向全国，资助基础研究和应用研究。基金主要来自国家财政拨款。

国家自然科学基金成立以后，为我国科研事业的发展做出了巨大贡献，大大促进了我国的基础科研的发展。

51. "863 计划" 提出 ★★★

1986 年 3 月，面对世界高技术蓬勃发展，国际竞争日趋激烈的严峻形势，王大珩、王淦昌、杨嘉墀和陈芳允四位科学家向中央提出"关于跟踪研究外国战略性高技术发展的建议"。建议得到了邓小平同志的高度重视，他立即做出"此事宜速作决断，不可拖延"的批示。在充分论证的基础上，党中央、国务院果断决策，于 1986 年 11 月启动实施了高技术研究发展计划，简称"863 计划"。

"863 计划"选择对中国未来发展有重大影响的生物技术、信息技术等 7 个领域，确立了 15 个主题项目作为突破重点，追踪世界先进水平。

"863 计划"于 1987 年 3 月正式开始组织实施。此后，上万名科学家在各个不同领域，协同合作，各自攻关，很快就取得了丰硕的成果。

52. 第一台核子秤通过鉴定 ★★★

核子秤是国家科技攻关项目，它是采用核技术原理，加上现代微型计算机控制而制成的一种连续动态称重的设备，可广泛用于工矿、粮食、港口等部门。

1986 年 11 月初，黑龙江省科学院技术物理研究所研制成功的第一台核子称量系统（简称核子秤），通过了国家鉴定。

中国是一个农业大国，农村人口占百分之八十，解决农业、农村和农民问题是实现中国现代化的关键。20 世纪 80 年代初，为顺应全国经济体制改革的形势和农村生产力发展的需要，国家科委于 1985 年 5 月向国务院提出了"抓一批短、平、快科技项目促进地方经济振兴"的请示。在请示中，他们引用了中国的一句谚语"星星之火，可以燎原"，提议将这一计划命名为"星火计划"，意为科技的星星之火，必将燃遍中国农村大地。

1986 年初，"星火计划"正式实施。

"星火计划"的主要内容包括支持一大批利用农村资源、投资少、见效快、先进适用的技术项目。建立一批科技先导型示范企业，引导乡镇企业健康发展，为农村产业和产品结构的调整做出示范；开发一批适用于农村、适用于乡镇企业的成套设备并组织批量生产；培养一批农村技术、管理人才和农民企业家；发展高产、优质、高效农业，推动农村社会化服务体系的建设和农村规模经济发展。

"星火计划"还包括星火区域性支柱产业。星火区域性支柱产业是指在一定的经济区域内，开

从奠基到辉煌：中国科技之路

发具有区域资源优势的主导产品，形成规模、能带动企业和相关产业发展，实行集约化、规模化、产业化经营，在区域经济中占有相当比重和作用的产业。

54. "丰收计划"实施 ★★★

"丰收计划"是 1987 年农牧渔业部和财政部共同组织的夺取全国农、牧、渔业丰收的综合性计划。计划的内容包括种植业、畜牧业、水产业、农业机械化等行业先进科研成果的大面积推广，实现农牧渔业的增产增收。

"丰收计划"的具体内容是：发展高产优质农作物育种及先进、适用、高效的栽培技术；畜、禽、鱼良种及优化配合饲料、科学饲料及疫病综

▼ 收割

合防治技术；名特优新品种种植、养殖、新饲料源、饲料蛋白源及模式化养殖先进实用技术；农、牧、渔业先进实用机械化技术等。

"丰收计划"实施以后，在加速科技成果转化、推动农业科技与生产密切结合、促进高产、优质、高效农业发展等方面发挥了突出作用。

55. 中国第一封电子邮件

从 1986 年开始，我国科学家就在着手研发我国的电子邮件节点。1987 年 9 月，在北京计算机应用技术研究所内正式建成中国第一个国际互联网电子邮件节点，邮件发送的条件基本具备。

1987 年 9 月 14 日晚，在北京车道沟 10 号中国兵器工业计算机应用技术研究所里，13 位中德科学家围在一台西门子 7760 大型计算机旁进行电子邮件的试验发送。

第一次发送试验失败了，大家在重新检查计算机软件系统和硬件设施后，发现原来是一个数据交换协议有点小漏洞，于是科学家们用了一周时间解决了这个问题。1987 年 9 月 20 日 20 点 55分，再次进行发送试验，这次试验终于取得成功。德国大学的服务器顺利收到了从这里发出的邮件，随后，他们将邮件转发到了国际互联网上。中国互联网在国际上的第一个声音就此发出。

56. "火炬计划" 实施

"火炬计划"是我国发展高新技术产业的一项计划，1988 年 8 月，该计划经过国家批准，由科学技术部组织实施。

"火炬计划"的主要内容包括：创造适合高新技术产业发展的环境，包括广泛开展"火炬计划的"宣传，制定相应的发展高新技术产业的政策和法规等；建立高新技术产业开发区。高新技术产业开发区是以智力密集和开放环境为依托，主要依靠我国自己的科技和经济实力，通过局部优化的政策环境，最大限度地把科技成果转化为现实生产力，发展我国高新技术产业的集中区；建立高新技术创业服务中心。高新技术创业服务中心是高新技术成果转化为产业的重要环节，是技术创新和高新技术企业的生长点，是实验室与企业的结合点，是高新技术产业发展支撑服务体系的重要组成部分，因此"火炬计划"的一项重要内容就是建立高新技术创业服务中心。另外，"火炬计划"内容还包括具体的科研项目和人才培养计划等。

　　1988年9月7日，中国自行研制的第一颗气象卫星"风云1号"由"长征四号"运载火箭从太原卫星发射中心发射上天，并进入太阳同步轨道。

　　这颗气象卫星外形为一个六面体，星体外侧对称安装了6块太阳能电池帆板，这些帆板可产生800瓦电力。卫星本体加上天线高约1.8米，卫星由遥感仪器、图像传输、姿态控制、温控、星载计算机与电源等系统组成。

　　"风云1号"每天绕地球运行14圈，主要用于获取全球气象与海洋资料，为世界气象部门与组织服务。

▼ 气象卫星

从奠基到辉煌：中国科技之路

58. 中国大陆第一个试管婴儿诞生

1988 年 3 月 10 日，在北京医科大学附属第三医院，中国大陆首例试管婴儿诞生。

试管婴儿又叫体外受精和胚胎移植，一般是让人的精子和卵子在体外人工控制的环境中完成受精，然后将胚胎移入女性子宫，胚胎在子宫中完成生长的过程。

▲ 试管婴儿的研究

试管婴儿对于有生育障碍的人来说是很好的选择，这项技术帮助千千万万想要成为父母却没办法生育的人圆了父母梦。

大陆第一例试管婴儿的母亲患有不孕症，后来她在北京医科大学附属第三医院通过体外受精成功怀孕，最终产下一名女婴。

59. 第一套汉字处理软件

20 世纪 80 年代，中国互联网正处在起步阶段，但社会对办公软件的需求已经十分迫切了。1988 年，一个叫求伯君的普通程序员编写出了第一套汉字文字处理软件——WPS1.0，由此开启了中文文字处理的时代。

WPS 出现后，很快风靡全国，当时几乎所有国内电脑都使用 WPS 打字办公。WPS 成为中国第一代电脑使用者的启蒙软件。

60. 北京正负电子对撞机建成 ⭐⭐⭐

北京正负电子对撞机是世界八大高能加速器之一，是中国首台正负电子对撞机。1984 年 10 月，在邓小平同志的关怀下，这一工程动工兴建，1988 年 10 月完成建设并成功实现正负电子对撞。1988 年 10 月 20 日《人民日报》报道称："北京正负电子对撞击建设成功是我国继原子弹、氢弹爆炸成功、人造卫星上天之后，在高科技领域又一重大突破性成就。"1990 年北京正负电子对撞机荣获国家科技进步特等奖。

北京正负电子对撞机建成后迅速成为在 20 亿到 50 亿电子伏特能量区域居世界领先地位的对撞机，其优异性能为我国开展高能物理实验创造了条件。

61. 葛洲坝水利枢纽工程建成 ⭐⭐⭐

葛洲坝水利枢纽工程位于长江三峡的西陵峡出口——南津关以下 2000 多米处，距宜昌市约

4000 米。大坝北抵江北镇镜山，南接江南狮子包，是长江上第一座大型水电站，也是世界上最大的径流式水电站。1971 年 5 月，葛洲坝水利枢纽开工建设，1972 年 12 月工程停工，1974 年 10 月复工，1988 年 12 月全部竣工。

葛洲坝坝型为闸坝，最大坝高 47 米，总库容 15.8 亿立方米，总装机容量 271.5 万千瓦，其中二江水电站安装 2 台 17 万千瓦和 5 台 12.5 万千瓦机组；大江水电站安装 14 台 12.5 万千瓦机组，年均发电量 140 亿千瓦时。

62. 我国第二座南极科学考察站建成 ★★★

1989 年 2 月 26 日，南极中山站建成，这是我国第二座南极科考站，以中国民主革命的伟大先驱者孙中山先生的名字命名。

▼ 南极科考站

中山站位于东南极大陆伊丽莎白公主的拉斯曼丘陵的维斯托登半岛上，纬度为南纬 69 度 22 分，经度是东经 76 度 22 分 40 秒，距离北京 1.2 万多千米。中山站所在的拉斯曼丘陵处于南极圈内，位于普里兹湾东南沿岸，西南距艾默里冰架和查尔斯王子山脉几百千米，是进行南极海洋和大陆科学考察的理想区域。

从 20 世纪 80 年代初开始，国家有关部门就为中山站的建立做着准备。我国先后派专家、学者到日本昭和基地、苏联青年站及和平站、美国默克麦多站、澳大利亚凯西站参观访问，搜集建站资料，学习外国经验。在此基础上，多次组织专家、学者进行可行性论证，听取各方面的意见，形成最佳方案，预选出两处作为站址，一是普里兹湾内的拉斯曼丘陵地带；一是阿蒙森湾沿岸。这两处均属露岩地带，易于登陆，有丰富的淡水资源，地域广阔，便于发展，而且可作为向南极内陆进行科学考察的前沿基地。

1988 年 10 月初，我国派先遣组随澳大利亚"冰鸟号"考察船赴南极洲，登上拉斯曼丘陵，对预选站区的地理环境、自然条件、淡水资源和地形特点等进行了实地勘察，认为拉斯曼丘陵的建站条件比阿蒙森湾要优越些。南极委根据先遣组的实地勘察报告，最后确定中山站建在拉斯曼丘陵地带。

63. 我国第一胎试管绵羊诞生 ★★★

1989 年 3 月 10 日，我国第一只经过体外受精和胚胎移植的克隆绵羊在内蒙古大学实验动物研究中心诞生。自此，我国成为继美国、日本、法国之后，世界上第四个掌握此项技术的国家。

这只试管绵羊是由蒙古族科学家旭日干和他的研究团队培育出来的。该试管绵羊为雄性，它的身体为白色，头部黑白相间，出生时身体健康。

利用家畜体外受精、胚胎移植获得试管家畜的技术是当代生物工程技术的一项突破性成果。试管家畜的培育成功不仅能为商业性的胚胎移植提供高质量、低成本、大批量的胚胎，加快优良家畜的繁殖速度，同时也为胚胎分割、性别控制、细胞克隆、基因导入等技术提供了充足的实验材料。它在生殖生物学领域和畜牧业生产方面具有广阔的应用前景。

64. 兰州重粒子加速器正式运行 ★★★

重离子加速器是用来加速重离子、质子等的仪器，通过重离子加速器可以将大量的重离子加速到很高的速度，高速运动的重离子形成离子束可以用于开展科学研究。

20 世纪 60 年代以来，原子核物理开拓了一个蓬勃发展的新领域——重离子物理。在其他学科，如原子物理、材料科学、生命科学、新能源研究、天体物理等领域，重离子束亦显示出日益重要的应用前景并形成了重要的交叉学科。为使我国在重离子物理的前沿领域占有一席之地，由国家投资建设了兰州重离子加速器。

1976 年 11 月，中国国家计委批准由近代物理所负责设计建造兰州重离子加速器的主加速器系统。兰州重离子加速器的主加速器和注入器于 1988 年建成，其主要技术指标达到当时国际先进水平。主加速器与注入器联合运行，可以把重离子加速到中等能量，用以开展中低能重离子碰撞和热核性质、重离子束应用等研究。

65. 秦山核电站并网发电 ★★★

20 世纪 70 年代，党中央曾提出要建核电站。1981 年 11 月，党中央、国务院确定了 30 万千瓦压水堆核电站建设项目，第二年把地址选定在浙江省海盐县秦山。1985 年 3 月，秦山核电站开始施工。

建设核电站是一项综合性很强、技术难度很高、质量要求很严的庞大复杂的工程，当今世界虽然有二十多个国家和地区拥有核电站，但是能

从奠基到辉煌：中国科技之路

够自己设计建造核电站的国家却不多。秦山核电站主要依靠我国自己的科技力量和工业基础完成的设计、建造。在建设过程中，广大科技工作者在安全上按照国际标准要求，在质量上建立了严格的监督和保证体系，国家核安全局代表国家独立行使安全监督权力，国际原子能机构也对秦山核电站做了运行前的安全评审。他们向我国政府提交的报告说："秦山将是一个安全的、高质量的核电厂。"

1991 年 12 月 15 日，秦山核电站开始并网发电。秦山核电站满功率发电后，每年可向华东电网输送核电 15 亿千瓦时，缓解了华东地区的能源紧张状况。这是我国核工业发展的又一重大胜利，标志着我国核电技术进入成熟的阶段。

▼ 核电站

66. "银河－II"型计算机研制成功 ⭐⭐⭐

1992 年 11 月 19 日，由国防科技大学研制的"银河－II"10 亿次巨型计算机在长沙通过国家鉴定。"银河－II"的出现填补了我国面向大型科学工程计算和大规模数据处理的并行巨型计算机领域的空白。

"银河－II"型计算机是 1992 年国际上最先进的、用于动态连续系统计算的计算机。"银河－II"计算能力比 1985 年诞生的"银河－I"大 10 倍，相当于当时通用千万次大型计算机的 5 至 50 倍。

67. "曙光一号"大型计算机研制成功 ⭐⭐⭐

1993 年 5 月，"曙光一号"诞生，这是我国研制成功的第一台全对称共享存储的处理机。

与 20 世纪 80 年代我国研制的大型机、巨型机相比，"曙光一号"研制周期从过去的 5~6 年缩短为 1 年，由于采取了与国际接轨的技术路线，投入的人力和资金也大大减少。研制周期的缩短和标准化技术的采用保证了新品推出时的市场竞争力。

"曙光一号"的推出打破了以往国内"从芯片和操作系统做起，实现彻底自主研发"的传统模

从奠基到辉煌：中国科技之路

式，为我国在对外开放新形势下研制高性能计算机探索了一条新路。

68. 我国第一条海底光缆开通 ★★★

海底光缆是铺设于深海或浅海、河道底部的信号传输线。1993 年 12 月 15 日，我国第一条海底光缆——从上海南汇至日本九州宫崎的海底光缆正式开通。这条海底光缆可容纳 7500 多条通话电路，相当于 1976 年中日海底同轴电缆的 15 倍以上。海底光缆的开通大大提升了中国的通信能力。

69. 长江三峡水利枢纽工程破土动工 ★★★

三峡水利枢纽工程又称三峡工程、三峡大坝，位于湖北省宜昌市的三斗坪镇，和下游的葛洲坝水电站构成梯级电站。

三峡水电站是世界上规模最大的水电站，也是中国有史以来建设的最大型的工程项目。三峡水电站的功能有十多种——航运、发电、种植，等等，1992 年获得全国人民代表大会批准建设，1994 年正式动工兴建。

三峡工程机组设备主要由德国伏伊特公司、美国通用电气公司、德国西门子公司、法国阿尔斯通公司、瑞士 ABB 公司组成的联营体提供。他们在签订供货协议时，都已承诺将相关技术无偿转让给中国国内的电机制造企业。三峡水电站的输变电系统由中国国家电网公司负责建设和管理，预计共安装 15 回 500 千伏高压输电线路连接至各区域电网。

2012 年 7 月 4 日，三峡电站最后一台水电机组投产，这意味着装机容量达到 2240 万千瓦的三峡水电站，成为全世界最大的水力发电站和清洁能源生产基地。

▼ 三峡大坝

70. 中国第一架超音速无人驾驶飞机试飞成功

1995 年 4 月 13 日，中国第一架超音速无人驾驶飞机试飞成功。这架飞机高 4.13 米，长 15.7 米，重 7030 千克，它运用世界上独创的振铃纠偏系统，其可靠性和先进性居于世界前列。飞机可在地面人员的遥控指挥下，完成离陆、跃升、盘旋、超低空飞行等各类动作。

这架飞机的研制成功，标志着中国无人驾驶飞机的研制已跨入世界先进行列。

71. 第一台国产笔记本电脑问世

1995 年，我国第一台国产笔记本电脑问世，它就是出自联想集团的"昭阳 S5100"。这部笔记本电脑的问世填补了中国笔记本电脑领域的空白。

联想"昭阳 S5100"面世后，之前充斥中国市场的东芝、康柏等外国品牌笔记本电脑的市场份额开始急剧下降。

1999 年第四季度，联想昭阳首次位居国内笔记本电脑销量排行榜榜首。1999—2002 年，联想蝉联市场销量榜首，它演绎了国产笔记本电脑高速发展的传奇。

2003 年，联想成功研制出国内第一款拥有自

主知识产权的笔记本电脑主板基底层软件。这表明联想已具备自主研发笔记本核心部件的能力。这一年冬天，联想发布了昭阳 E600。

2005 年，联想第一款全程自主研发的笔记本电脑 A600 发布，这款笔记本电脑从结构、模型、散热、电子电路等的设计到系统设计，甚至整机测试均由联想公司独立完成。

72. 发现中华龙鸟 ⭐⭐⭐

1996 年，辽宁省北票市四合屯的一位农民无意中发现了类似远古鸟类的骨骼化石。动物化石体形很小，但形似恐龙，嘴上有粗壮锐利的牙齿，尾椎特别长，共有 50 多节尾椎骨，后肢长而粗壮。

此外，最引人之处是它从头部到尾部都披覆着像羽毛一样的皮肤衍生物，这种奇特的像羽毛一样的物质长度约 0.8 厘米。科学家们经过认真的研究，确认这是最早的原始鸟类化石，由于是在中国发现的，被命名为"中华龙鸟"。

中华龙鸟最初被认为是鸟，后来中国古生物家经过细致的研究，最终认定它属于恐龙。恐龙皮肤化石全世界仅发现几件碎片而已，而且都无毛，因此有毛的中华龙鸟是研究生物进化的重要依据。中华龙鸟在国际上也非常知名，由全世界100 多位学者撰写的《恐龙的百科全书》，封面就是一只中华龙鸟。

73. 我国第一次绘制出水稻基因组物理图

1997 年 1 月 6 日，我国在世界上首次成功构建水稻基因组物理全图。

1992 年 8 月，我国正式启动了水稻基因组计划，随后在上海成立了中国科学院国家基因研究中心。水稻基因组研究计划包括三大内容：水稻基因组遗传图、物理图的构建和它的全顺序的测定。

在此之前，开展水稻基因组研究的已经有日本、美国、印度、韩国、菲律宾等国家，其中，日本于 1994 年首先构建了水稻基因组的遗传图。

在水稻基因组研究计划中，物理图处于承上

启下的地位，依据物理图不仅能够为最终解开水稻的全部遗传信息之谜奠定基础，而且可以通过定位克隆等多种现代技术，高效而系统地为农业遗传育种提供所需的重要基因及有关信息。我国构建的水稻基因组物理图的特点是：分辨率高、测绘精细、测出了近100个通用的遗传分子标记。这些遗传分子标记在大麦、小麦、燕麦、玉米、高粱、甘蔗等六种主要作物的基因组中是通用的。因此，我国的水稻基因组物理图的构建是我国在生命科学领域取得的一项重大突破，对生物遗传技术将产生深远影响。

▼ 玉米

74. "银河-III" 巨型计算机研制成功

　　1997年6月19日，由国防科技大学计算机研究所研制的"银河-III"巨型计算机系统在北京通过了国家鉴定，至此，我国新一代巨型计算机研制成功。

　　1994年3月，在市场激烈的竞争中，"银河-III"正式立项。经过3年多时间，1997年6月，系统综合技术达到当时国际先进水平的"银河-III"百亿次巨型机研制成功。

　　通过这台计算机的研制，我国计算机专家掌握了更高量级计算机的关键技术，同时也具备了研制更高性能巨型计算机的能力。"银河-III"巨型计算机的研制成功标志着我国高性能巨型计算机研制技术取得了新的突破。

　　目前世界上只有少数几个发达国家掌握了高性能巨型机的研制技术，而"银河-III"巨型计算机的研制成功使我国在这一领域跨入了世界先进行列。

　　2000年，"银河-IV"超级计算机问世，它峰值性能达到每秒1.0647万亿次浮点运算，其各项指标均达到当时国际先进水平，它的研制成功标志着我国高端计算机系统的研制水平又上了一个新台阶。

"银河"系列超级计算机如今广泛应用于天气预报、空气动力实验、工程物理、石油勘探、地震数据处理等领域，产生了巨大的经济效益和社会效益。

75. 国产"歼-10"型飞机首次试飞成功 ★★★

"歼-10"飞机由中国航空工业第一集团成都飞机设计所设计、成都飞机工业公司研制生产，它是中国自行研制具有自主知识产权的新一代战机，采用了大量的新技术、新工艺，性能先进，用途广泛。

从20世纪80年代中期立项，到科研样机的诞生，近20年时间，全国300多家科研院所、生产厂家为它集智攻关，通力协作，数以万计的科研人员为它呕心沥血，终于在1998年研制成功。

1998年3月23日，"歼-10"进行首次试飞。在出色完成各种试验动作后，"歼-10"安全降落。

"歼-10"飞机分单座和双座两种。首批装备该飞机的空军航空兵部队，已形成作战能力，这对有效提高空军防卫作战能力，加快解放军武器装备现代化建设，巩固国防具有重大意义。

"歼-10"成功首飞，填补了我国航空史30余项空白，使我国一跃成为能自主研制三代战机的国家。

76. 我国第一次参加国际空间探测 ★★★

1998 年 6 月 3 日，美国"发现号"航天飞机将由中美等国共同研制的阿尔法大型磁谱仪送入太空。这台磁谱仪是利用强磁场和精密探测器来探测宇宙空间的反物质和暗物质，探索和研究宇宙物理学、基本粒子物理学和宇宙化学的一些重大和疑难问题。

阿尔法磁谱仪由美籍华裔物理学家、诺贝尔奖获得者丁肇中领导建造，它的核心部分是由中国科学院电工所、高能物理所和中国运载火箭技术研究院等单位共同研制的大型永磁体。

中国科学院电工所、高能物理所的研究人员经过大量分析计算和模拟试验，最后提出采用钕铁硼永磁体。中国运载火箭技术研

▼ 美国"发现号"航天飞机

究院为这个磁铁设计制造了机械结构。

中国研制的永磁体初样制造出来后，进行了十多项震动和离心试验，试验结果表明，磁体性能完全达到了美国宇航局的各项严格要求。

这次参与研制阿尔法大型磁谱仪是我国第一次参加国际空间探测，此次活动拉开了我国参与国际空间探测的序幕。

77. 第一个全数字高清晰电视系统研制成功 ⭐⭐⭐

1998 年 9 月 8 日，我国第一个拥有完全自主知识产权的全数字高清晰电视系统研制成功，它是能实现从发射到接收、传输数字视频、数字音频、数据和进行交互式业务的数字传输系统。

全数字高清晰电视系统的研制成功标志着我国已经完全掌握了这项高难度的技术。至此，我国成为继美国、日本和欧洲之后，世界上第四个拥有自制数字高清晰电视地面广播传输系统的经济体。

78. 第一架具有完全自主知识产权的主战机研制成功 ⭐⭐⭐

在 1988 年 11 月的珠海航展上，我国自主研制的战机——"飞豹"，即"歼轰-7"首次公开亮相。

　　"飞豹"是20世纪80年代我国自行研制的中型战斗轰炸机，它由西安飞机工业（集团）有限责任公司与603研究所合作设计制造。这款飞机主要用于战争中的纵深攻击和海上、地面目标攻击，它可以进行超音速飞行，相类于美系第三代战斗机。1998年正式设计定型，并装备海军航空兵。该机主要用于攻击敌战役纵深目标、交通枢纽、前沿重要海空军基地、滩头阵地、兵力集结点，攻击敌大中型水面舰艇，远程截击、护航等。

▶ 歼 "轰-7"
飞机

79. 第一次克隆神经性耳聋疾病基因

1998 年，湖南医科大学中国医学遗传学实验室成功克隆了一种神经性耳聋疾病基因，研究成果在国际学术权威杂志《自然遗传学》上公布，这是我国在国际上首次克隆神经性耳聋疾病基因。专家介绍，这一克隆成功具有巨大的科研和开发价值。其成果在临床上用以开展产前诊断，防止神经性耳聋向下代传递。另外，在开发基因药物，进行基因治疗等方面也有广泛的应用前景。

目前，该成果已申办了国际专利保护。

80. 我国发现了世界上最早的花

1998 年，我国科学家在辽西地区发现世界最古老被子植物（有花植物）——辽宁古果及中华古果化石。

这些化石标本发现于辽宁省义县北票地区义县地层，属晚侏罗纪，距今 1.45 亿年。这两种古果既有同科、同属植物的共同特征，又有不同种质的差异。作为被子植物，它们都有胚珠被果实包藏的典型特征，并具有雄蕊成对排列、叶子细深裂等共性。

辽宁古果化石是孙革等于 1998 年在辽西北票地区发现的"世界最早的花"，中华古果化石则是孙革与季强等人于 2000 年在辽西凌原地区发现的，它与辽宁古果化石发现于同一地质时期。古植物形态学家和分子生物学家研究发现，这两种古果的主要性状与特征和迄今已知的所有被子植物均不相同，且比先前报道的"最早"的被子植物化石（发现于早白垩纪，距今 1.3 亿年）还要早1500 万年。据此，科学家将辽宁古果和中华古果这一现已灭绝的最古老被子植物类群，确立为早期被子植物的新科——古果科。

研究还表明，辽宁古果和中华古果的茎纤弱，叶子细而深裂，叶柄膨突，显示了水生草本植物

的特征。通过研究科学家发现被子植物很可能起源于更古老、现已灭绝的蕨类植物。这一有别于传统的认识，为深入开展被子植物起源研究提供了新思路。

另外，这一发现对古地理、古气候、古环境研究及现代地质找矿等均具有重要科学意义。

81. 第一次穿越雅鲁藏布江大峡谷 ★★★

1998年12月3日，我国科考队首次成功穿越雅鲁藏布江大峡谷。当年10月19日，科考队从北京起程，10月29日，科考队兵分两路从西藏林芝出发，经过34天跋涉，行程超过600千米，穿越了250多千米的峡谷。他们在深山密林、悬崖

▼ 雅鲁藏布江

陡峭、水流湍急的雅鲁藏布江大峡谷区域开展了异常艰辛的科学探险考察活动，获取了大量科学资料。

雅鲁藏布江大峡谷蕴藏有丰富的自然资源，考察人员在这里发现了大面积濒危珍稀植物——红豆杉，和昆虫"活化石"——缺翅目昆虫。

据专家介绍，缺翅目昆虫目前在世界其他地区已经灭绝。这种古老原始的活化石昆虫，原本生活在非洲等地的赤道附近，后随澳洲板块、印度板块和欧亚板块拼合漂移，最后在雅鲁藏布大峡谷的特殊环境中残存下来。

82. 国家最高科学技术奖设立

国家最高科学技术奖为中国科技界最高奖项，是为了奖励在科技领域做出突出贡献的公民而设立。

1955 年，国务院发布了《中国科学院科学奖金的暂行条例》，条例规定，一等奖奖金为 1 万元人民币。1957 年 1 月，科学奖金进行了首次评审，有 34 项成果获 1956 年度奖。1963 年 11 月，国务院发布了《发明奖励条例》和《技术改进条例》。1966 年 5 月，批准了发明奖励 297 项，其中包括"原子弹""氢弹""人工合成牛胰岛素"等重要成果。

1978 年，党中央召开了全国科学技术大会，会上隆重奖励了 7657 项科技成果，标志着科技奖励制度的恢复。1958 年，国务院批准成立了国家科学技术奖励工作办公室，标志着中国科技奖励体系基本完成。1994 年又设立了中华人民共和国国际科学技术合作奖。

1999 年，国家科技奖励制度实行了重大改革。朱镕基总理在 1999 年 5 月 23 日签署了国务院第 265 号令，发布实施了《国家科学技术奖励条例》。改革后，国家科学技术奖励制度更加完善，形成了国家最高科学技术奖、国家自然科学奖、国家技术发明奖、国家科学技术进步奖和国际科学技术合作奖五大奖项，力求在推动技术创新、发展高科技、实现产业化等方面更好地发挥科技奖励的杠杆作用。

2000 年，国家最高科学技术奖正式设立，该奖奖金为 500 万元人民币，获奖者每年不多于 2 人。国家最高科学技术奖设立后，一些为推动我国科技进步做出突出成就和贡献的科技工作者陆续获奖，该奖也成为我国科技界的最高荣誉。

83. 中国加入"人类基因组研究计划" ★★★

2003 年 4 月 14 日，6 国科学家宣布人类基因组序列图绘制成功。至此，"人类基因组计划"的所有目标全部实现，该图已完成的序列图覆盖人类基因组所含基因区域的 99%，其精确率达到 99.99%。

其中，人类基因组"中国卷"的绘制工作于 2001 年 8 月 26 日宣告完成。

DNA 双螺旋结构发现者之一的詹姆斯·沃森认为"中国的基因组研究机构可以和世界上任何一个国际同类机构相媲美和竞争"，中国已经成为"DNA 科学的重要角色"。"国际人类基因组计划"中国测序部分的圆满完成，是一件了不起的事情，整个中国都应该为此骄傲。

84. "神舟一号"飞船发射成功 ★★★

"神舟一号"飞船是我国发射的第一艘无人操体实验飞船，飞船于 1999 年 11 月 20 日凌晨 6 点 30 分在酒泉航天发射场发射升空。发射点火 10 分钟后，船箭分离，飞船准确进入预定轨道。入轨后，地面的测控中心和分布在太平洋、印度洋上的测量船对飞船进行了跟踪测控，同时还对飞船内的生命保障系统、姿态控制系统等进行了测试。21 日，飞船成功降落在预定位置。

▼ 神舟飞船

85. "西气东输" 工程启动 ★★★

　　"西气东输"工程是我国目前规模最大的能源跨区域输送项目。"西气东输"工程的输气管道也是中国目前距离最长、管径最大、投资最多、输气量最大、施工条件最复杂的天然气管道。管道西起新疆轮南，东至上海市白鹤镇，途径 10 个省、自治区、直辖市，经过戈壁沙漠、黄土高原、太行山脉，穿越黄河、淮河、长江等众多河流。线路全长约 4200 千米，干线管道直径为 1016 毫米，设计年输气量 120 亿立方米。

　　"西气东输"工程运送的天然气主要供应长江三角洲地区的江苏省、浙江省、上海市及沿途的河南省、安徽省等地，利用方向主要在城市燃气、工业燃料、发电及天然气化工等方面。

　　"西气东输"工程于 2002 年 7 月 4 日全线开工。2003 年 10 月 1 日从陕西省靖边进气，2004 年 10 月实现全线贯通。

86. "神威一号" 投入商业运营 ★★★

　　我国制造的"神威一号"高性能计算机于 1999 年 8 月问世。该计算机的峰值运行速度为每秒 3840 亿次，在当今全世界已投入商业运行的前 500 位高性能计算机中排名第48位，它的成功研制使我国成为继美国、日本之后，具备研制高性能计算机能力的国家。"神威一号" 能模拟从基因排序到中长期气象预报等一系列高科技项目的实验结果，它研制成功后成为我国科学研究与经济建设的一道神奇力量。

"神威"计算机先后安装在北京高性能计算机应用中心和上海超级计算中心，它为我国的气象气候观测、石油物探、生命科学、航空航天、材料工程、环境科学和基础科学等领域提供了不可缺少的高端计算工具，为我国经济建设和科学研究发挥了重要的作用。

国家气象中心利用"神威"计算机精确地完成了极为复杂的中尺度数值天气预报，在庆祝建国五十周年和澳门回归等重大活动的气象保障中发挥了关键作用；中科院上海药物研究所用"神威"计算机作为通用的药物研究平台，大大缩短了新药的研制周期；中科院大气物理研究所用"神威"计算机进行新一代高分辨率全球大气模式动力框架的并行计算，取得了令人鼓舞的结果。

87.《夏商周年表》公布 ★★★

2000年11月，经过200多名老中青专家学者

5 年的努力，《夏商周年表》正式公布。这份年表为填补我国古代纪年中的空白做出了巨大贡献。根据这份年表，我国的夏代始年约为公元前 2070 年；夏商分界约为公元前 1600 年；盘庚迁殷约为公元前 1300 年；商周分界为公元前 1046 年。年表还排出了西周 10 王具体在位年，排出了商代后期从盘庚到帝辛（纣）的 12 王大致在位年。

夏商周断代工程集中了我国历史学、考古学、天文学和科技测年学等学科的 200 多名老中青专家学者，依照系统工程的要求，分别设立了 9 个课题 44 个专题，从不同角度、不同侧面，以不同方法、不同方式对夏商周三代的年代学问题进行了全面和全新的研究、考证。与以往千余年传统年代学研究所不同的是，这一工程采取了多学科联合攻关、交叉研究的方法，尤其对于那些有较大争议、又对整个断代框架至关重要的年代更是采取了非常谨慎的态度，力求使结论得到多线索、多角度的支持。

2000 年 9 月，《夏商周年表》和《夏商周断代工程阶段性 1996 — 2000 成果报告》正式通过了国家验收。工程专家组和工程验收组认为，这是目前为止"最有科学依据"的夏商周年表，是在现有条件下所能取得的最好成果，代表了年代学研究的最高水平。

88. 世界第一例成人神经干细胞自体移植手术成功 ★★★

2001 年 6 月 18 日，复旦大学附属华山医院宣布，他们成功地实施了世界首例成人神经干细胞自体移植。

复旦大学教授朱剑虹等从开放性脑外伤患者破碎的脑组织中培养出神经干细胞，并将其重新移植到患者脑内。术后患者恢复平稳，神经功能有所进步，并于 20 天后出院。此举标志中国神经干细胞的基础研究和应用已跨入脑再生医学的新门槛。

▼ 移植手术　　　　该手术最引人注目的是：制备人神经干细胞

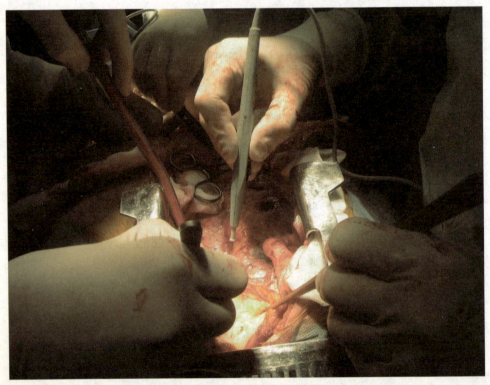

的主要来源不是胚胎组织，而是通过培养成人神经干细胞而成。

2001年华山医院神经外科收治了两例开放性脑外伤病人：一例患者被利器严重击伤头部，颅骨粉碎。外科医生清理创伤时从头发和骨缝中收集破碎的脑组织，经过克隆和扩增，培养出成人神经干细胞。另一例患者被锐器刺入脑内深达10厘米，抽取异物后，冲洗异物上附带的碎片脑组织，培养出神经干细胞。

医务人员采用了核磁共振扫描导向立体定向手术，将患者神经干细胞精确移植到其脑内特定目标点，据统计共有约500万个细胞分多点注射移植到患者脑内。

因这次成人神经干细胞移植的关键点是采用了自体干细胞移植，患者术后没有免疫排斥反应，初期恢复较为平稳，15天后有加速恢复现象。出院前经扫描，同移植前相比，患者脑内损伤区域代谢有所改善。

89. 第一口大陆科探井开钻 ★★★

科学钻探是为地质研究目的而实施的钻探，它是通过钻孔获取岩心、岩屑、岩层中的流体以及进行地球物理测井和在钻孔中安装仪器进行长期观测，来获取地下岩层中的各种地学信息，进

而进行研究。

2001 年 8 月 4 日，中国第一口大陆科探井在江苏省东海县境内开钻，几代科学家在中国境内打一口科探井的愿望终于实现了。

90. 第一头克隆牛"波娃"诞生 ★★★

2002 年 5 月 27 日，我国第一头克隆牛"波娃"克隆成功。"波娃"是一头小黄牛，它的母亲却是一头黑白相间的奶牛，因此"波娃"的诞生标志着我国的克隆技术已步入国际前列——可实现同一个物种内不同种群之间的克隆。

这次克隆的对象是冀南母黄牛。冀南牛是我国特有的地方黄牛品种，耐寒、抗病、肉质好。20 世纪 70 年代末，国内尚有万头以上的冀南黄牛，而目前纯种的冀南黄牛已濒临灭绝。

为了更好地保护这一品种的黄牛，科学家们选择了冀南黄牛作为克隆对象。

在克隆过程中，科学家们先从纯种的冀南母黄牛耳朵里取出一些细胞，把它放在实验室里培养出很多同类细胞，这些细胞含有冀南母黄牛的遗传物质，被称为核共体细胞。然后，把这些核共体细胞注入到一头母牛的卵子内，这些卵子都含有一套遗传细胞，科学家们需要先把遗传细胞去除，然后把核共体细胞放入卵母细胞内，这样就形成一个克隆胚胎。

这些克隆胚胎需要在实验室内再培养一段时间，在这段时间里，胚胎开始一分为二、二分为四地进行繁殖，大概到 20 天，这些胚胎就被放到待育母牛体内，开始借腹生子。母牛的怀孕期一般为 285 天，不过"波娃"在第 282 天就降生了。

91. 第一座数字化水文站启用

2002 年，黄河进入汛期的第一天——6 月 15 日，黄河上第一座初具数字化规模的水文站——花园口水文新站正式启用。

花园口水文站作为国家重要水文站，担负着为黄河的防洪调度与水资源管理提供水文信息的重任，在治黄工作中具有不可替代的战略地位。同时，它也是世界上规模最大和测验难度最大的水文站。

▼ 黄河

从奠基到辉煌：中国科技之路

92. 中国成功研制出"龙芯1号"CPU

"龙芯1号"是我国自主研发的第一代CPU，它采用动态流水线结构，最高运算速度超过每秒2亿次，与英特尔公司的"奔腾Ⅱ型"芯片性能大致相当。其微体系结构、逻辑设计和版图设计都具有自主知识产权，硬件设计可以抵御大多数黑客和病毒攻击。"龙芯1号"研制成功后，CPU芯片连续不停稳定地运行了50天，各项指标都已达标。

"龙芯1号"既是安全服务器CPU芯片，又是通用的嵌入式CPU，它研制成功后，一批实际应用程序在"龙芯1号"样机上移植成功。这些应用包括：网络终端机、流媒体服务器、节省内存的办公环境、视频会议、IPv6防火墙、安全隔离开关等。"龙芯1号"样机在高低温试验中也表现出色，它可在−35℃~70℃之间正常工作，达到了国防工业产品的要求。

93. 首颗海洋卫星交付使用

2002年9月18日，我国第一颗海洋卫星——"海洋一号"A星正式投入使用，这结束了我国没有海洋卫星的历史，大大提高了我国的海洋监测能力。

▲ 芯片

"海洋一号"A星是我国第一颗用于海洋水色探测的试验性业务卫星。它由中国航天科技集团所属中国空间技术研究院与中科院上海分院等单位共同研制。卫星重量为368千克，运行轨道为太阳同步轨道，设计寿命2年。

2002年5月15日，"海洋一号"A星在太原发射中心发射升空后，经过7次变轨，到达了预定轨道。5月29日，国家海洋局北京和三亚卫星地面站成功接收到海洋水色扫描仪与CCD成像仪所探测到的第一轨遥感图像，"海洋一号"观测范围覆盖了渤海、黄海、东海、南海、日本海以及北冰洋、大西洋、太平洋等海域，它发回的图像清晰、海洋水色信息层次丰富。

▼ 海洋卫星拍摄的飓风图像

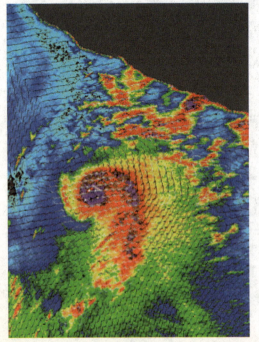

我国是一个发展中的海洋大国，拥有丰富的海洋资源。在没有海洋卫星的情况下，我国通过船舶、浮标、飞机、海洋观测站等常规手段对海洋进行监测。这些常规手段有很多限制，不能有效地对我国管辖海域进行全时有效监管。"海洋一号"A星的成功发射和交付使用，填补了这一空白，为我国海域监管和海洋资源利用提供了高科技的手段。

2004 年 4 月 18 日，我国在西昌卫星发射中心发射了国内首颗微小卫星——"试验卫星一号"。该卫星由哈尔滨工业大学牵头自主研制，这是我国第一颗由高校牵头自主研制的具有明确应用目标的微小卫星。

"试验卫星一号"是我国第一颗传输型立体测绘卫星，主要用于地理环境监测与科学实验。"试验卫星一号"演示了小卫星一体化设计与研制、基于磁控和反作用飞轮控制的姿态捕获、卫星大角度姿态机动控制、微小卫星高精度高稳定度姿态控制、卫星自主运行管理、三线阵 CCD 航天摄影测量技术等多项前沿技术。同时"试验卫星一号"的研制，创建了跟踪前沿、自主设计、联合研制、优势互补、科技创新与人才培养并重的小卫星研制新模式。

"试验卫星一号"的成功发射，也标志着中国航天"金牌火箭"——"长征二号丙"及其改进型运载火箭的第二十三次成功发射。此次"长征二号丙"运载火箭为"试验卫星一号"的发射进行了专门改进，创造了 6 项第一。

95. 中国"数字化可视人"完成

　　2006 年，中国完成了"中国数字人男 1 号"模型建造。数字人是利用现代信息技术实现人体从分子到细胞、组织、器官和整体层次的精确模拟，从而构建人体的组织形态、物理功能和生物功能的信息系统。数字人的生物数据和人相同，能模仿真人做出各种各样的反应。

　　"中国数字人男 1 号"标本是南方医大从 20 位自愿捐献的尸体中筛选出来的"标准中国人"——一名 28 岁的健康男性。南方医科大学专家以每片 0.2 毫米对标本进行磨削，在获取切面照片后，华中科技大学的研究人员完成了高分辨结构数据集的构建与可视化，包括原始切面照片的分割、标志、三维重建及数据的发布。

　　在海量的原始切面照片的基础上，刘谦博士带领 24 名科研人员日夜奋战，处理了近 20 万张图片，完成了数字人海量数据集的构建与管理工作，建立了第一套高分辨率人体生理系统三维解剖结构数据集，这是世界上获取体素最小的数字人体三维数据结构。

　　"北斗"卫星导航定位系统是中国自主研制的全球卫星定位与通信系统，系统由空间端、地面端和用户端组成，它可在全球范围内全天候为各类用户提供高精度、高可靠定位、导航、授时服务，并具短文字通信能力，其定位精度优于 20 米。

　　"北斗"卫星导航系统由空间端、地面端和用户端三部分组成。空间端包括 5 颗静止轨道卫星和 30 颗非静止轨道卫星；地面端包括主控站、注入站和监测站等若干个地面站；用户端由"北斗"用户终端以及与美国 GPS、俄罗斯"格洛纳斯"、欧盟"伽利略"等其他卫星导航系统兼容的终端组成。

　　中国此前已成功发射 4 颗"北斗"导航试验卫星和 16 颗"北斗"导航卫星（其中，北斗－1A已经结束任务），将在系统组网和试验基础上，逐步扩展为全球卫星导航系统。

▼ 导航卫星

▲ 磁悬浮列车

97. 中国第一条磁悬浮列车线建成通车

　　2002 年 4 月 5 日，由国防科技大学领衔研究建造的我国第一条中低速磁悬浮列车试验线在长沙建成通车。在经过了整整 2000 千米无故障运行后，该试验系统总设计师常文森教授对外发布了这一消息。该试验线全长 204 米，包括一段 100 米半径弯道和千分之四的坡度，轨距宽为 2 米。磁悬浮列车车厢长度 15 米，可载客 130 多人，设计时速为 150 千米。这条完全具有自主知识产权的中低速磁悬浮列车试验线的建成通车，标志着我国磁悬浮列车技术及工程化水平已跻身当今国际先进行列，成为世界上少数能研制和开发磁悬浮列车及运营线路的国家。

98. 第一个大豆杂交种研制成功 ★★★

2003年1月20日，世界第一个大豆杂交种在中国吉林诞生。这一命名为"杂交豆1号"的大豆杂交种是吉林省农业科学院孙寰研究员带领的课题组历经20年研制成功的，该品种已于当年通过了吉林省品种审定委员会的审定。

据报道，该品种在近两年区域试验中增产21.9%，一年生产试验增产20.8%。专家表示，该项研究是中国农业生产领域的一项重大突破，达到了国际领先水平。

▼ 大豆田

从奠基到辉煌：中国科技之路

报道说，该项研究创造了大豆科研界四个世界第一：第一个细胞质雄性不育系；第一个通过品种审定的杂交种；建立了第一个以"三系"为基础、高效率杂种优势利用育种程序；开发出第一个利用昆虫传粉，大量生产杂交种的制种程序。同时，这一杂交大豆品种抗病性强，品种优良，制种技术基本成熟。它的研制成功，对提升中国大豆科研和大豆产业在国际上的地位具有重要作用。

99. 第一例成人胰岛细胞移植手术成功

2003 年 3 月 31 日，我国首例成人胰岛细胞移植手术在南京军区福州总医院获得成功。移植成功后，接受手术的患者彻底摆脱了使用长达 9 年的胰岛素。

这一成果是由福州总医院与上海市第一人民医院合作完成的，经国际成人胰岛细胞移植网络中心检索，这一手术也是亚洲第一例成功的成人胰岛细胞移植手术。

接受这次成人胰岛细胞移植的是福建省福清市的一名女患者。她在 9 年前患上了糖尿病，靠一天 3 次注射胰岛素维持生命。2003 年 1 月和 3 月，谭建明等医学专家先后两次将经过科学提取的成人胰岛细胞植入到她的体内。首次移植后，患者胰岛素用量减少了五分之四，第二次移植后仅 7 小时，就完全撤除了胰岛素。

专家们认为，这例成人胰岛细胞移植手术的成功，标志着我国在这一领域的技术已达国际领先水平。

100. 西气东输工程全线贯通

2004 年 8 月 6 日，来自新疆塔里木的天然气抵达陕西省靖边，这标志着"西气东输"工程实现了全线贯通，塔里木气田和陕北长庆气田两大气源在此成功对接。

"西气东输"是我国距离最长、口径最大的输气管道，西起塔里木盆地的轮南，东至上海。全

▼ 天然气管道

线采用自动化控制，供气范围覆盖中原、华东、长江三角洲地区。自新疆塔里木轮南油气田，向东经过库尔勒、吐鲁番、鄯善、哈密、柳园、酒泉、张掖、武威、兰州、定西、宝鸡、西安、洛阳、信阳、合肥、南京、常州等地区。东西横贯新疆、甘肃、宁夏、陕西、山西、河南、安徽、江苏、上海等9个省区，全长4200千米。"西气东输"工程大大加快了新疆地区以及中西部沿线地区的经济发展，相应增加财政收入和就业机会，带来巨大的经济效益和社会效益，该工程的实施将促进中国能源结构和产业结构调整，带动钢铁、建材、石油化工、电力等相关行业的发展。

沿线城市可用天然气取代部分电厂、窑炉、化工企业和居民生产使用的燃油和煤炭，这将有效改善大气环境，提高人民生活品质。

101. 第一辆燃料电池汽车顺利验收 ★★★

汽车为人们生活带来了极大的便利，但它也加剧了环境污染。随着世界能源危机的加剧和人们环保意识的增强，研制新的清洁能源的汽车成为当务之急。另外，我国传统燃油汽车工业起步晚，很难追赶国际先进水平，而燃料电池电动汽车在国外还处于开发和试用阶段，差距较小，有机会赶上进而超过国际先进水平。在这些契机下，我国开始了燃料电池电动汽车的研制。

2001 年 7 月 13 日，由我国自行研制的第一辆具有自主知识产权的燃料电池电动汽车通过

▲ 电动汽车

验收。该车最高时速 60.6 千米，0～40 千米加速时间为 22.1 秒。

燃料电池电动汽车的研制成功，填补了燃料电池电动汽车的国内空白，缩短了我国汽车工业在此领域与国外之间的差距。

102. "神舟五号"成功将人送入了太空 ★★★

"神舟五号"载人飞船是神舟系列飞船之一，也是中国首次发射的载人航天飞行器。2003 年 10 月 15 日，"神舟五号"飞船将航天员杨利伟送入太空，这标志着中国成为继苏联和美国之后，第三个有能力将人送上太空的国家。

"神舟五号"载人航天飞行主要是全面考核飞船载人环境，获取航天员空间生活环境和安全的有关数据，全面考核工程各系统工作性能、可靠性、安全性和系统间的协调性。飞船乘坐一名航天员，飞行约一天，在绕地球飞行第 14 圈后返

▲ "神舟五号"
载人飞船

回。航天员可以按照预先规定的程序和地面指令，手动补发船箭分离、帆板展开等重要指令。飞船具有自主应急返回和人工控制返回以及第 2 天、第 3 天返回的能力。

2003 年 10 月 16 日早晨 6 点 23 分，"神舟五号"返回舱安全着陆，航天员杨利伟在飞行 21 小时 23 分后顺利返回。此后，轨道舱继续留轨飞行约半年，开展有关的空间科学实验和技术试验。

103. 第一台盲用计算机诞生 ★★★

2004 年，国内第一款盲用计算机——同创蓝天盲用计算机研制成功。该计算机专门为盲人和弱视人群使用，它使得盲人能够通过计算机操作完成上网学习、工作和娱乐。

盲用计算机在键盘的设计上充分考虑到了盲人的实际需要，因此通过对盲用键盘和专用软件的操作，盲人经过 2 天左右的学习，就可以完成打字、上网、收发电子邮件、阅读等计算机操作。盲用电脑的出现使得盲人读书看报、通过网络了解外部世界成为可能，为盲人提供了崭新的生活方式和工作机会。

104. 第一套医学图像三维处理系统问世 ★★★

2004 年 11 月，西安一家高科技企业研制成功了我国第一套医学图像三维处理系统。该系统的成功问世，大大降低了医生诊断的难度。

这套处理系统能将 CT、超声波等传统的二维成像设备上产生的图像进行三维表面重建，可以再现人体各部位、器官的外部形态与内部组织；同时它还具有虚拟内窥镜、虚拟手术刀、容积重建等多项功能，这使医生从以往凭经验对平面图像进行病情诊断上升为对立体图像的直观判断，可有效降低医生的误诊率。由于这套软件采取中文操作界面，售价只有国外同类产品的十分之一，因而它有望打破国外产品高价垄断我国市场的局面。

105. 第一组低温多效海水淡化装置研制成功

　　2004 年 8 月，由河北省秦皇岛新源水工业有限公司自主开发的新型低温多效海水淡化装置，通过了河北省科技厅的技术鉴定。该技术及装置的研制成功突破了国外公司的技术垄断和封锁，对我国海水资源利用提供了技术支持。

　　低温多效海水淡化工艺是当前国际上蒸馏淡化海水的主要方法，利用低温热源通过对海水进行多次蒸发和冷凝过程以制取淡化纯净水的技术，在此之前只有以色列和法国等几家公司掌握，我国在这方面还是空白。

　　2002 年，秦皇岛新源水工业有限公司承担了国家"863 计划""太阳能海水淡化技术研究"课

▼ 海水淡化厂

题，他们于 2004 年 4 月研制出国内首台具有自主知识产权的百吨级低温多效海水淡化装置，其产品工艺与结构设计方案为国内首创，已获国家发明专利，可用于日产千吨级以上装置的设计制造。经秦皇岛市质量技术监督局检验，该装置生产的淡化水水质符合 GB17323《瓶装饮用纯净水标准》。

该装置电耗比国外同类产品有较大幅度降低，达到国际先进水平。该装置根据不同地理条件和设备等级，可采用煤、电、油、工业余热及太阳能等作为热源进行海水淡化，满足沿海、海岛及内陆苦咸水地区人民生产、生活用水需求。

106. 第一个最大样本量的帕金森流行病学研究 ★★★

2005 年 12 月，由北京协和医院承担，北京、上海、西安三地神经内科专家参与的、拥有世界最大样本量、同类研究时间中历时最长、具有鲜明中国特色的大型帕金森病流行病学研究完成，研究成果发表于《柳叶刀》杂志上。

报告显示 65 岁以上的中国人帕金森患病率男性为 1.7%，女性为 1.6%，而以美国 2000 年人口标准换算进行国际间比较，这一患病率则达到 2.1%。该研究表明，中国人帕金森患病率并不低，对沿用二十多年的中国人帕金森病率进行了修正。

107. "神舟六号" 载人飞船升空并返回

　　"神舟六号" 载人飞船，是中国神舟系列飞船之一。飞船由推进舱、返回舱、轨道舱构成，其重量基本保持在 8000 千克左右，发射使用的是 "长征二号" F 型运载火箭。"神舟六号" 是中国第二艘搭载航天员的飞船，也是中国第一艘执行 "多人多天" 任务的载人飞船。

▼ 发射

2005 年 10 月 17 日凌晨 4 时 33 分，在经过 115 小时 32 分钟的太空飞行，完成我国真正意义上有人参与的空间科学实验后，"神舟六号"载人飞船返回舱顺利着陆，航天员费俊龙、聂海胜自主出舱。

"神舟六号"载人航天飞行的成功，标志着我国在发展载人航天技术、进行有人参与的空间实验活动方面取得了又一个具有里程碑意义的重大胜利，这对进一步提升我国的国际地位，增强我国的经济实力、科技实力、国防实力具有重大而深远的意义。

108.《中国植物志》全部出版

2004 年，《中国植物志》编撰工作完成。《中国植物志》是目前世界上最大型、种类最丰富的一部巨著。全书 80 卷，分为 126 册，总共 5000 多万字，记载了我国 301 科 3408 属 31142 种植物的科学名称、形态特征、生态环境、地理分布、经济用途和物候期等。

《中国植物志》是基于全国众多科研单位的作者和绘图人员几十年的工作积累，经过 45 年艰辛编撰才于 2004 年 10 月全部出齐，它的完成实现了中国几代植物分类学家的夙愿。

《中国植物志》是在大规模野外考察和标本采

集，获得大量的第一手材料的基础上编写的，它包含了许多新信息、新内容，有很高的科学价值。另外，该书的作者们参加了植物科属的分类、系统、进化等有关研究，发表了许多有价值的论著，曾获国家自然科学一等奖 1 项，二等奖 5 项和中科院或省部委奖多项，这些成果从另一个侧面反映了《中国植物志》的学术水平。

109. 我国第一次实现了单分子自旋态控制

2005 年 9 月，中国科技大学微尺度物质科学实验室的侯建国院士、杨金龙教授和朱清时院士等科研人员利用低温超高真空扫描隧道显微镜，巧妙地对吸附于金属表面的钴酞菁分子进行"单分子手术"，成功实现了单分子自旋态的控制。这是世界上首次实现单个分子内部的化学反应，并利用局域的化学反应来改变和控制分子物理性质的试验。

该实验为单分子功能器件的制造提供了一个极为重要的新方法，揭示了单分子科学研究的新的广阔前景。9 月 2 日，美国《科学》杂志发表了试验的相关论文，并在同期的"透视"栏目中专文对该成果进行了介绍和评价。

2005 年 4 月 2 日，我国 5600 吨级的远洋科学考察船"大洋一号"从青岛出发，开始执行我国首次环球大洋科学考察任务。

参加这次科考的包括来自中国大洋协会办公室、海洋二所、北海分局、广州海洋地质调查局及美国伍兹霍尔海洋研究所和德国莱布尼茨海洋科学研究所等二十多家国内外单位的研究人员。

"大洋一号"船将在我国多金属结核勘探合同区进行环境调查和样品收集，在东太平洋海隆中段开展综合调查；沿南大西洋中脊进行综合科学考察；在印度洋中脊的三叉点附近进行综合科学考察；回到太平洋后再继续开展富钴结壳资源的调查。

2006 年 1 月 22 日，"大洋一号"完成历时 296 天的考察，顺利返回青岛。至此，我国第一次环球大洋考察圆满结束。

这次科考中使用的设备，很多为我国自主研究，拥有自主知识产权，这展现了我国在大洋科考方面的实力。

111. 家蚕基因芯片与表达图谱诞生 ★★★

　　2006 年 1 月，西南大学蚕桑学重点实验室制作出了家蚕基因芯片与表达图谱。负责此项课题的专家指出，这是我国在家蚕基因研究领域取得的又一项重大进展，为我国家蚕产业的发展以及人类防病找到了有效途径。

　　一张只有几平方厘米的芯片上汇集着家蚕一个细胞上的 2.2 万个基因，每个基因分别有自己的图谱，这些基因分别控制着家蚕的性别、产卵、抽丝、抗病等功能的发挥，把它们编码后存储起来，可以通过电脑程序查找。有了这张芯片，要

▼ 蚕茧

查找家蚕的功能基因，就跟小学生查字典一样简单了。

112. 青藏铁路全线通车 ★★★

2006 年 7 月 1 日，青藏铁路全线建成通车。青藏铁路东起青海省西宁市，西至西藏拉萨市，全长 1956 千米。作为世界上海拔最高的铁路，青藏铁路在建设中克服了无数困难。

青藏铁路格尔木至拉萨段全长 1142 千米，其中，位于海拔 4000 米以上的地段 960 千米，该段主要是高原冻土层。在这里建设铁路要克服多年冻土、高寒缺氧、生态脆弱三大世界性工程难题。修建这段铁路，施工和运营管理难度之大、设备可靠性和安全性要求之高，在世界铁路史上均前所未有。

为攻克多年冻土冬天冻胀夏天融沉的工程难题，建设者们广泛借鉴和吸收国内外冻土工程理论研究和工程实践的成功经验，通过不断的科学实验，最终确立了"主动降温、冷却地基、保护冻土"的设计思想。创新了片石气冷路基、碎石（片石）护坡、护道路基、通风管路基、热棒路基等一整套主动降温工程措施，有效保护了冻土。

为保障建设者以及旅客、职工的生命安全和

身体健康，工程建设中，建立了覆盖全线、较为完备的卫生保障体系。采取了科学有效的高原病、鼠疫病防治措施；配置高压氧舱，实行科学用氧，创造性地开展了隧道施工机械供氧，形成了一整套人员健康监控保障制度。

为保护好铁路沿线极为脆弱的生态环境，青藏铁路在中国铁路工程建设史上首次建立了环境监理制度；首次为野生动物修建了迁徙通道；首次在青藏高原进行了植被恢复与再造科学实验并在工程中实施；为保证列车在高原运行中污物零排放，在格尔木、拉萨站配置卸污和垃圾、污水

▼ 青藏铁路

集中处理设施设备；格拉段各站区的生活、取暖均采用电能、太阳能等清洁能源，减少对大气污染物的排放；对铁路沿线生活垃圾实行日常集中存放，定期收集转运到市政垃圾处理场。这些措施使高原生态环境得到了有效保护。

　　青藏铁路的建成通车，是中国铁路建设史上的伟大壮举，也是世界铁路建设史上的一大奇迹，它标志着我国高原铁路技术达到了世界一流水平。青藏铁路架起了"世界屋脊"通向世界的桥梁，给青藏各族人民送来了繁荣、进步的福音。

113. 中国"人造太阳"首次放电

2006 年 9 月 28 日，由我国自行设计、研制的世界上第一个全超导托卡马克核聚变实验装置(英文名：EAST，俗名：人造太阳) 在安徽等离子体研究所成功获得电流 200 千安、时间接近 3 秒的高温等离子体放电。这一时刻的到来标志着新一代"人造太阳"实验装置在中国首先建成并正式投入使用。

"人造太阳"以探索无限而清洁的核聚变能源为目标。由于它和太阳产生能量的原理相同，都是热核聚变反应，所以被外界称为"人造太阳"。"人造太阳"可以通过核聚变的方式产生强大的

▼ 潮汐发电

能量用来发电。运用此技术，可以建设聚变反应电站，以海水为原料进行发电。如果能建成一座1000兆瓦的核聚变电站，每年只需要从海水中提取304千克的氘就可以产生1000兆瓦的电量。照此计算，地球上仅在海水中就含有的45万亿吨氘，足够人类使用上百亿年，比太阳的寿命还要长。

与国际上同类实验装置相比，我国的"人造太阳"是使用资金最少，建设速度最快，投入运行最早，投入运行后最快获得首次等离子体的装置。我国"人造太阳"放电实验的成功受到全世界核聚变界的高度重视。

114. "嫦娥一号"发射成功 ★★★

2007年10月24日，"嫦娥一号"卫星在西昌卫星发射中心由"长征三号甲"运载火箭发射升空。卫星发射后，将用8天至9天时间完成调相轨道段、地月转移轨道段和环月轨道段飞行，执行科学探测任务。它将通过各种手段获取月球表面影像和立体图像。此外，还要分析月球表面有用元素含量和物质类型的分布特点，探测月壤厚度以及地月空间环境。

"嫦娥一号"卫星主体长2米左右，太阳翼展开后，最长可达18米，起飞重量为2350千克，卫

从奠基到辉煌：中国科技之路

▲ 嫦娥一号

星需要 10～12 天可以飞到月球附近。"嫦娥一号"
设计寿命为 1 年，执行任务后将不再返回地球。

115. 支线飞机"翔凤"下线 ★★★

"翔凤"支线飞机，最早被称为 ARJ21，即
"21 世纪新一代支线飞机"，它是由中航商用飞机
有限公司研制。该飞机除引擎由通用电气公司提

供外，其他部分完全由中国自主设计并制造。飞机建造计划于 2002 年开始，2007 年 12 月 20 日宣布下线，中文名字最终确定为"翔凤"。

"翔凤"是一种 90 座级、以涡扇发动机为动力，满座航程为 2000 海里的中短程支线飞机。2003 年 12 月，该飞机分别在成都、沈阳、西安和上海四家飞机主机厂同时开工进行零件制造，并采用"异地设计、异地制造"的全新运作机制和管理模式，开始了中国首架拥有自主知识产权的民用飞机的研发制造历程。

与国外同类支线飞机相比，"翔凤"的设计以格尔木机场和九黄机场（九寨黄龙机场）作为设计临界条件，并用西部 57 条航线来检验飞机的航线适应性。其标准远高于国外飞机所选用的美国丹佛机场条件，因此能保证飞机在国内绝大多数机场满载起降。

116. "南海一号"打捞成功

20 世纪 80 年代，人们无意中在南海地区发现了一艘宋元时代的沉船，这艘船保存完整，船上载有众多精美的文物，该船后来被命名为"南海一号"。由于当时打捞条件有限，因此直到 2007 年，"南海一号"的打捞工作才正式开始。

2007 年 12 月，有亚洲第一吊之称的"华天龙

号"海上浮吊实施了对"南海一号"的整体打捞。打捞上来的古船将陈列在新建的海上丝绸之路博物馆。此次打捞和保存总共花费 3 亿多元，创造了世界沉船打捞史上的天价记录。但专家表示，鉴于"南海一号"巨大的考古价值和文化价值，这样的花费是值得的。

"南海一号"是目前世界上发现的年代最久远、船体最大、保存最完整的沉船，它对研究我国古代造船工艺、航海技术等方面提供了典型标本。其搭载的文物有可能解开"海上丝绸之路"的诸多秘密，其文物考古价值远远高于经济价值。

▲ 打捞船

117. 第一次在珠峰点燃奥运圣火

2008 年 5 月 8 日，北京奥运会圣火登顶珠峰，完成了奥运圣火在世界第三极的传递。这是奥运圣火首次出现在珠穆朗玛峰。

8 日凌晨 3 时，火炬手从珠峰北坡的突击营地（海拔 8300 米处）迅速向峰顶发起冲击，在距离峰顶 30 米处，火炬手进行了火炬接力活动。藏族女登山家吉吉成为第一棒火炬手，9 时 10 分，她在点燃珠峰火炬后向全世界展示。汉族登山家王勇峰接过第二棒，王勇峰在完成自己的传递距离后将圣火交给尼玛次仁，第四棒为汉族学生黄春贵。9 时 17 分，藏族姑娘次仁旺姆在珠峰之巅点燃第五棒，随后，这一画面通过镜头传向了全世界。

奥运圣火在珠峰的传递，是科技奥运、绿色奥运和人文奥运的集中体现，也是中国科研人员、登山队员、气象部门、后勤保障等部门通力合作近两年的成果体现，是中国人民智慧的集中表现。

118. "神舟七号" 载人飞船成功飞行

2008 年 9 月 25 日，我国第三个载人飞船"神州七号"发射升空，飞船上载有 3 名宇航员，分别是：翟志刚、刘伯明和景海鹏。

▲ 北京奥运圣火

"神舟七号"飞船全长 9.19 米，重 1.2 万千克，由轨道舱、返回舱和推进舱三部分构成。飞船进入预定轨道后，航天员翟志刚出舱作业，这是我国航天员第一次太空行走，标志着我国成为世界上第二个可以实现宇航员太空行走的国家。

9 月 28 日，经过两天的太空飞行后，"神舟七号"返回舱顺利在内蒙古四王子旗着陆，3 位宇航员安全返回。至此，我国第三次宇宙飞船载人飞行任务圆满完成。

119. 首条国际一流水平的高速铁路开通 ⚡★★★

2008 年 8 月 1 日，北京至天津的城际高速铁路正式开通运营。开通后，列车最高运营速度将达到每小时 350 千米，北京到天津直达运行时间在 30 分钟以内。

京津城际铁路全长 120 千米，沿途设北京南、亦庄、武清、天津 4 座车站，预留永乐站，开行列车为国产 CRH2 型和 CRH3 型动车组列车。线路投入运营后采用公交化城际列车和跨线列车混合开行的运输组织模式，列车最小间隔 5 分钟。

据介绍，京津城际铁路采用了大量国际领先的建设技术，具有寿命长、粉尘污染少、噪音低等特点，其技术含量、质量之高在中国铁路建设史上前所未有。

京津城铁的建成也标志着中国铁路现代化建设实现了质的飞跃。中国铁路用 3 年时间跨越了其他国家 30 年所走过的历程，并一步步逼近和超越了世界速度。6 月 24 日，CHR3 列车在试验过程中创下每小时 394.3 千米的速度，同时车辆保持运行正常，这意味着京津城际铁路已达到世界一流高速铁路标准。

京津城铁的建成不仅使北京和天津这两个人口超过千万的特大城市间形成"半小时交通圈"，实现了同城化，也打开了中国铁路迈向高速时代的大门。

▼ 高速列车

2008 年 11 月 6 日，国际著名学术刊物《自然》杂志以封面文章的形式发表了由深圳华大基因研究院完成的首个中国人基因组序列研究成果（该成果被命名为"炎黄一号"）。

深圳华大基因研究院用长达 7 页的长篇论文描绘了第一个亚洲人的全基因组图谱，测序数据总量达到 1 177 亿碱基对，基因组平均测序深度达到 36 倍，有效覆盖率高达 99.97%，变异检测精度达 99.9%以上。

科学家在这一研究中详细比较了中国人与已有数据的白种人基因组在序列和结构上的差异性，新发现了 41.7 万例独有的遗传多态性位点，并对相应的基因功能进行了探讨，较全面地阐述了中国人基因组结构的特征。

"炎黄一号"作为中国人参照基因组序列，从基因组学上对中国人与其他族群在疾病易感性和药物反应方面的显著差异做出了解释，揭示了中国人自主的基因组研究与中国人的医学健康事业发展的重要关联性和必要性，对中国的基因科学研究和产业发展具有重要的指导意义。

从奠基到辉煌：中国科技之路

121. "曙光 5000A" 跻身世界超级计算机前十

2008 年 11 月 17 日，我国超级计算机——"曙光 5000A"以峰值 230 万亿次的速度跻身世界超级计算机前十。这一成绩使我国成为世界上第二个可以研发生产超百万亿次超级计算机的国家。

"曙光 5000A"是国家"863 计划"高性能计算机及其核心软件重大专项研究项目，它是面向网格的高性能计算机，可以为网格提供计算服务，同时也是面向信息服务的超级服务器，可以提供多目标的系统服务。

"曙光 5000A"可以完成各种大规模科学工程计算、商务计算。除了在大规模科学工程计算方面大显身手外，在大规模商务计算方面，"曙光 5000A"可以为证券、税务、银行、邮政、社会保险等行业和电子政务、电子商务等提供服务；在大规模信息服务方面，它可以在各类游戏网站、门户网站、信息中心、数据中心、多媒体中心、电信交换中心和大型企业信息中心中发挥作用；对海量存储的数据超大集中应用，完全兼容 32 位计算的具有 64 位地址空间的"曙光 5000A"网格超级服务器更可大显身手。

122. 光谱获取率最高望远镜落成 ★★★

　　2008 年 10 月 16 日，我国光纤光谱天文望远镜（LAMOST）在国家天文台兴隆观测基地落成。

　　LAMOST 是国家投资 2.35 亿元建成的重大科学工程，它完全由我国自主创新设计和研制。LAMOST 已成为我国最大的光学望远镜、世界上最大口径的大视场望远镜。该望远镜单次观测具备可同时获得三千多条天体光谱的能力，与国际上最先进的光谱系统相比，LAMOST 更为先进，它已成为世界上光谱观测获取率最高的望远镜。

▲ 光学望远镜

123. 量子中继器实验被完美实现

2008年9月，合肥微尺度物质科学国家实验室的研究人员，利用冷原子量子存储技术，在国际上首次实现了具有存储和读出功能的纠缠交换，建立了由300米光纤连接的两个冷原子系综之间的量子纠缠。这种冷原子系综之间的量子纠缠可以被读出并转化为光子纠缠，以进行进一步的传输和量子操作。该实验成果完美实现了远距离量子通信中急需的"量子中继器"，向未来广域量子通信网络的最终实现迈出了坚实的一步。8月28日出版的国际著名科学期刊《自然》，以《量子中继器实验实现》为题发表了这项重要研究成果。

124. 首台千万亿次超级计算机系统"天河一号"研制成功

2009年，我国首台千万亿次超级计算机系统——"天河一号"由国防科学技术大学研制成功。在2009年度中国高性能计算机排名中，"天河一号"高居榜首。

"天河一号"的诞生，是我国高技术和大型基础科技装备研制战略领域取得的一项重大创新成果，实现了我国自主研制超级计算机能力从百万亿次到千万亿次的跨越，使我国成为继美国之后世界上第二个能够研制千万亿次超级计算机系统的国家。

"天河一号"是由国防科大计算机学院承担的国家"863计划""千万亿次高效能计算机系统研制"课题的重大成果。该系统突破了多阵列可配置协同并行体系结构、高速率可扩展互连通信、高效异构协同计算、基于隔离的安全控制、虚拟化的网络计算支撑、多层次的大规模系统容错、系统能耗综合控制等一系列关键技术，系统峰值性能达每秒1206万亿次双精度浮点运算，内存总容量98TB，点点通信带宽每秒40GB，共享磁盘容量为1PB，具有高性能、高能效、高安全和易使用等显著特点，综合技术水平进入世界前列。

超级计算机是世界高新技术领域的战略制高点，是体现科技竞争力和综合国力的重要标志。各国均将其视为国家科技创新的重要基础设施，投入巨资进行研制开发。我国首台千万亿次超级计算机系统的成功问世，是我国高性能计算机技术发展的又一重大突破，是国家和军队信息化建设的又一重要成果，为解决我国经济、科技等领域重大挑战性问题提供了重要手段，对提升综合国力具有重要战略意义。

"天河一号"适用于大规模科学与工程计算，它将广泛应用于石油勘探数据处理、生物医药研

究、航空航天装备研制、资源勘测和卫星遥感数据处理、金融工程数据分析、气象预报、气候预测、海洋环境数值模拟等方面。"天河一号"计算机将向社会开放，为国内外提供超级计算服务，同时带动高科技服务产业和高端信息产业发展，为经济、社会发展提供高科技支撑。

125. 第一个南极内陆科学考察站正式建成

2009 年 1 月 27 日，我国第一个南极内陆科学考察站——昆仑站在南极内陆冰盖的最高点冰穹 A 区建成。昆仑站站区计划建筑面积 550 多平方米，此次建成 230 多平方米的主体建筑。昆仑站建成后，我国有计划地在南极内陆开展冰川学、天文学、地质学、地球物理学、大气科学、空间物理学等领域的科学研究，实施冰川深冰芯科学钻探计划、冰下山脉钻探、天文和地磁观测、卫星遥感数据接收、人体医学研究和医疗保障研究等科学考察和研究。

冰穹 A 区有世界上最为古老的冰层，在那里建立科考站，对于全球气象研究、天文学、地质学都具有重要意义。目前各国在南极建立的科学考察站大都分布在南极边缘地区，只有美国等 6 个国家在南极内陆地区建立了科考站。中国昆仑站登陆南极冰盖最高点，成为人类南极科考史上

▲ 南极冰山

的又一个里程碑，也是我国为人类探索南极奥秘做出的又一个重大贡献。

126. 上海同步辐射光源建成 ★★★

2009年4月29日，受世界瞩目的重大科学工程——中国科学院上海同步辐射光源建设完成。

上海同步辐射光源是目前世界上性能最好的第三代中能同步辐射光源之一，它是一台借助电子加速器产生电磁波（也就是光），并利用光进行科学探索和技术开发的科学平台。上海同步辐射光源能从红外线、可见光、紫外线，到软 X 射线、硬 X 射线中同时产生同步辐射光，具有波长范围

从奠基到辉煌：中国科技之路

宽、高强度、高亮度、高准直性、高偏振与准相干性，可准确计算、稳定性高等一系列比其他人工光源更优异的特性，在科学界和工业界有着广泛的应用价值。

上海同步辐射光源是我国迄今为止投资最大的国家重大科技基础设施建设项目，总投资约 12 亿元，坐落于上海浦东张江高科技园区内，占地面积约 20 万平方米。该项目建成，能够同时容纳数千名科学家和工程师在各自的实验站上进行科学技术的探索。

127. 北京正负电子对撞机改造工程完成 ★★★

2009 年 5 月 19 日，中国科学院高能物理研究所对外宣布，历时 5 年、耗资 6.4 亿元人民币的北京正负电子对撞机重大改造工程已圆满完成，其性能比改造前提高了 30 多倍。

5 月 13 日凌晨，北京正负电子对撞机的对撞亮度达到亮度的验收指标。5 月 19 日，中科院组织有关专家对电子对撞机的储存性能进行工艺测试，现场测试结果表明其主要性能"亮度"超过了验收指标。在此之前，该改造工程的直线加速器、探测器和同步辐射专用光运行均已达到设计指标。

北京正负电子对撞机改造完成的消息传出后，

世界各大实验室的加速器专家纷纷在第一时间发来电子邮件表示祝贺。美国斯坦福直线加速器中心的赵午教授在邮件中说："这是一个极好的消息！随着上海同步辐射光源和北京正负电子对撞机改造的完成，令人信服地展示了中国加速器的世界级现状，我热忱地期待看到来自你们在其更前沿的发展。"

128. 量子计算研究获重大突破 ★★★

2009 年 10 月 29 日，英国《自然》杂志最新一期刊发了中国科学技术大学近代物理系杜江峰教授研究组与香港中文大学刘仁保教授的合作成果。他们通过电子自旋共振实验技术，在国际上首次通过固态体系实验实现了最优动力学解耦，极大地提高了电子自旋的相干时间，这对固态自旋量子计算的真正实现具有极其重要的意义。

将量子力学和计算机科学结合并实现量子计算是人类的一大梦想。量子计算的本质就是利用量子的相干性。而在现实中，由于环境不可避免地会对量子系统发生耦合干扰，使量子的相干性随时间衰减，发生消相干，使得计算任务无法完成。因此，为了使量子计算成为现实，一个首要亟须解决的问题就是克服消相干。

以分解 500 位的自然整数为例，目前最快的计算机需要用几十亿年才能完成。而用量子计算机，同样的重复频度，一分钟就可以解决。但量子计算如同人类思考问题一样，也需要一定时间，其时间长短取决于量子的相干性。相干性保持时间越长，量子计算机就越可以处理复杂程度更高、难度更大的信息。因此，提高量子相干性，对提高量子计算机的能力十分关键。

为了保持量子相干性，物理学家提出了很多种方法。其中，最优动力学解耦是最有效的方法之一。杜江峰教授说，最优动力学解耦方法就是通过一串精心设计的微波脉冲直接作用于自旋电子，让自旋电子反复翻转，"感受"到的外力上下翻转，消去电子自旋与环境中核自旋之间的耦合，保护电子自旋的量子相干性。

经过多年努力，杜江峰研究组于 2009 年 4 月成功建立了目前国内唯一可以同时操控电子和核自旋的实验平台。在此基础上，他们第一次在真实固态体系中开展独立实验，实现了最优动力学解耦方案。研究人员用最多 7 个微波脉冲把一种叫丙二酸的材料里的电子自旋的相干时间从不足两千万分之一秒提高到了近三万分之一秒，这个时间已经能够满足一些量子计算任务的需要。他们的研究显示，即使在常温下，这样的方案也是可以工作的，这为用固态材料研制出能在室温下使用的量子计算机奠定了基础。

科研人员认为，一旦固态体系的各种退相干机制被人们所完全了解，高精度的相干控制将更加容易，距离量子计算机的真正实现也就不再遥远。

129. 甲型 H1N1 流感疫苗全球首次获批生产

2009 年 9 月 3 日，我国首批甲型 H1N1 流感疫苗获得由国家食品药品监管局颁发的药品批准文号，这也是全球首批获得生产批号的甲型 H1N1 流感疫苗。该疫苗临床试验表现良好；在有效性方面，该疫苗一剂免疫后 21 天，儿童、少年和成人三个年龄组保护率均在 81.4% 至 98.0% 范围内，达到了国际公认的评价标准（保护率 70% 以上），可用于 3 岁至 60 岁人群的预防接种。

▼ 注射疫苗

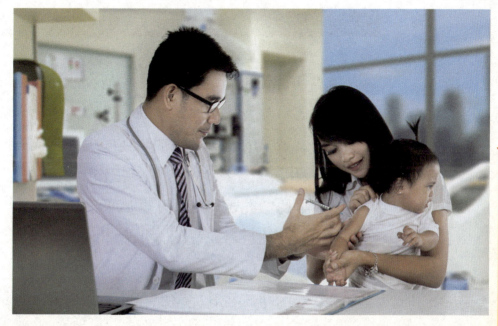

130. 研制出大容量钠硫储能电池

中国科学院上海硅酸盐研究所和上海市电力公司合作，成功研制具有自主知识产权的钠硫储能单体电池，这使我国成为继日本之后世界上第二个掌握大容量钠硫单体电池核心技术的国家。

智能电网是目前国家电网的重点建设方向，储能技术是智能电网的核心技术之一。而钠硫储能电池因其容量大、体积小、能量储存和转换效率高、寿命长、不受地域限制等优点，非常适合电力储能使用。钠硫储能电池是目前最经济实用的储能方法之一，具有极大的经济和社会效益，也能减少碳的排放，应用前景广阔。

131. 发现世界上最早的带羽毛恐龙

2009 年，沈阳师范大学古生物研究所课题组在辽宁省建昌县玲珑塔地区发现了迄今为止世界上已知的、最早的长有羽毛的恐龙——"赫氏近鸟龙"。该化石距今约 1.6 亿年，这比以往所知的世界上最早的鸟类要早几百万至 1000 万年。本次新发现的"赫氏近鸟龙"化石代表了目前世界上最早的长有羽毛的物种。

新发现的化石在其完整保存的骨架周围清晰

▲ 小盗龙

地分布着羽毛印痕，特别是在前、后肢和尾部均分布奇特的飞羽。更奇特的是，其趾爪以外的趾骨上都披有羽毛，这种完全披羽的特征在灭绝物种中尚无报道。本次发现进一步支持了恐龙演化曾经过"四翼阶段"的假说，并提出了兽脚类恐龙分异的时间框架新假说。此研究成果代表着鸟类起源研究的一个新的国际性的重大突破。

132. 成功实现太阳能冶炼高纯硅 ★★★

世界上第一根太阳能冶炼的单晶硅由中国科技大学、中科院理论物理所陈应天等专家制成，这是我国光伏发电技术领域的一项重大创新，它

▲ 太阳能电池板

使高效廉价冶炼高纯硅成为现实。

太阳能级高纯硅材料是目前世界上最紧缺的能源材料之一，也是当前光伏产业应用最广泛的原材料。新方法能将现有的提纯耗能指标由200~400度电/千克降为30~40度电/千克，其提炼成本由目前的40~80美元/千克降为20美元/千克，且没有环境污染。

133. 揭示致癌蛋白作用新机制 ★★★

PTB 蛋白（多聚嘧啶串结合蛋白）是一种在癌细胞中起重要作用的蛋白，科学研究表明 PTB 蛋白可以通过结合特定的 RNA 序列，抑制靶基因的可变剪接，从而控制靶基因产生的蛋白质种类。然而，武汉大学生命科学学院教授张翼和付向东指导的研究组发现，PTB 蛋白不仅能直接抑制靶基因的可变剪接，还能直接促进靶基因的可变剪接。该发现打破了已写入教科书中的 PTB 蛋白是抑制蛋白的定论。

2009 年 12 月 24 日，该研究成果在《分子细胞》杂志上作为封面论文正式刊登发表。西班牙科学家指出，该文是向科学家们已经绘制好的 RNA 加工地形图进行挑战，并成功重新绘制了新的地形图，研究成果对基因转录后调控研究领域具有引领作用。

如果一个基因相关的 RNA 序列发生了突变，或者其调控蛋白质发生突变和表达量变化，都会导致该基因外显子排序方式的改变，进而使人致病。许多疾病包括癌症都是可变剪接异常导致的。PTB 蛋白就是这类重要调控蛋白质的一个代表。2005 年，美国科学家揭示出 PTB 蛋白在细胞外结合 RNA 的精确机制。此后，世界各国的科学家试图"看清" PTB 蛋白在细胞内是如何与 RNA 结合和进行基因调控的，以及它又是如何在致癌中起作用的。

在这场竞赛中，张翼所在的研究组通过新技术率先揭示出 PTB 蛋白在细胞内的结合靶标基因的新特征，并在美国国立生物技术信息中心（NCBI）网站上公开发表了 PTB 在癌细胞基因组上的四百多万个结合标签序列。

134. 万吨级煤制乙二醇成功实现工业化示范 ★★★

2009 年，中国科学院福建物质结构研究所与江苏丹化集团、上海金煤化工新技术有限公司联手合作，成功开发了煤制乙二醇成套技术。

目前，该套技术已通过中国科学院组织的成果鉴定。鉴定专家一致认为，此项成果标志着我国领先于世界，实现了全套"煤制乙二醇"的技术路线和工业化应用。这是一项拥有完全自主知识产权的世界首创技术。该技术的推广应用将有效缓解我国乙二醇产品供需矛盾，对国家的能源和化工产业产生重要积极影响，具有重要的科学意义、突出的技术创新性和显著的社会和经济效益。

乙二醇是重要的化工原料和战略物资，用于制造聚酯、炸药、乙二醛，并可做防冻剂、增塑剂、水力流体和溶剂等。

"煤制乙二醇"即以煤代替石油乙烯生产乙二醇，用石油乙烯，每生产 1 吨乙二醇约耗 2.5 吨石油。目前，全世界用石油乙烯生产的 2000 多万吨乙二醇，若都以煤为原料生产，节省下来的石油相当于新开发一个年产 5000 万吨石油的大庆油田。

135. "大熊猫基因组" 发表

由深圳华大基因研究院、中国科学院昆明动物研究所、中国科学院动物研究所、成都大熊猫繁育研究基地和中国保护大熊猫研究中心合作的研究成果——《大熊猫基因组测序和组装》，2010年1月21日在国际权威杂志《自然》上发表。

研究表明，大熊猫有21对染色体，基因2万多个，基因组大小为2.4 G，重复序列含量36%。尽管大熊猫种群的数量估计仅为2500只，但测序研究表明大熊猫基因组仍然具备很高的杂合率，由此可推断出大熊猫具有较高的遗传多态性。

这是全球第一个完全使用新一代合成法测序技术完成的基因组序列图，这一成果证明了短序列也能组装成完整基因组。这种方法将成为基因组绘图的国际标准，这集中体现了中国的科技竞争力和中国科学家的创新能力。

该研究成果填补了大熊猫基因组及分子生物学研究的空白，将从基因组学的层面上为大熊猫这种濒危物种的保护、疾病的监控及其人工繁殖提供科学依据，并为我国其他一级保护动物提供范例。

▲ 大熊猫

136. 煤代油制烯烃技术迈向产业化 ★★★

2010 年 10 月 26 日，陕西煤业化工集团、中石化洛阳石化工程公司和中科院大连化学物理所与陕西蒲城清洁能源化工有限公司正式签署"新一代甲醇制取低碳烯烃工业化技术"合作协议。陕西蒲城清洁能源化工有限公司负担煤制甲醇年产 180 万吨、甲醇制烯烃年产 67 万吨及配套项目的实施。这是煤代油制烯烃工业化技术在全球的首份许可合同，它标志着具有我国自主知识产权、世界领先的新一代甲醇制烯烃技术，在走向工业化道路上又迈出了关键一步。

137. 转基因抗虫棉的推广应用 ★★★

2010 年，我国自主品牌的转基因抗虫棉已占全国抗虫棉市场的 93%以上，国产转基因抗虫棉的推广应用降低了生产成本，减少了农药危害，保护了生态环境，成为我国农业转基因技术创新和应用的典范。

转基因抗虫棉就是通过生物技术，把一种细菌的遗传物质片段转移到棉花里，从而产生具有抗虫性状的棉花。

截至 2010 年底，中国已获审定的抗虫棉品种

近200个，河北、山东、河南、安徽等棉花主产省抗虫棉种植率达到了100%，累计推广应用面积达3.15亿亩。抗虫棉的应用不仅使棉花棉铃虫得到了有效控制，还大大减轻了棉铃虫对玉米、大豆等作物的危害，杀虫剂用量也降低了70%~80%，有效保护了农业生态环境，为棉花生产和农业的可持续发展做出了巨大贡献。

▶ 转基因抗虫棉

138. "嫦娥二号" 成功发射 ★★★

2010 年 10 月 1 日，"嫦娥二号"卫星在西昌卫星发射中心成功发射。在飞行 29 分 53 秒时，卫星与火箭分离，卫星进入轨道。

"嫦娥二号"主要任务是获得更清晰、更详细的月球表面影像数据和月球极区表面数据，

"嫦娥二号"上搭载的 CCD 照相机的分辨率更高，其他探测设备也有所改进，它将为"嫦娥三号"实现月球软着陆进行部分关键技术试验，并对"嫦娥三号"着陆区进行高精度成像。

"嫦娥二号"工程的实施创造了航天领域多项世界第一：首次获得 7 米分辨率全月球立体影像；首次从月球轨道出发飞赴日地拉格朗日 L2 点进行科学探测；首次对图塔蒂斯小行星近距离交会探测并获得 10 米分辨率的小行星图像。

139. 京沪高铁全线铺通 ★★★

2010 年 11 月 15 日，京沪高速铁路全线铺通。京沪高速铁路线自北京南站至上海虹桥站，新建铁路全长 1318 千米，是世界上一次建成线路最长、标准最高的高速铁路。该铁路最高时速 380 千米，堪称"陆地飞行"。

京沪高速铁路贯穿北京、天津、河北、山东、安徽、江苏、上海7省市，连接"环渤海"和"长三角"两大经济圈，穿过华北、黄淮和长江三角洲三大平原，跨越海河、黄河、淮河、长江四大水系。铁路沿线是中国经济发展最活跃和最具潜力的地区，客货运输需求旺盛。

京沪高铁在2011年6月30日建成通车，北京至上海实现4小时48分到达。

截至目前，中国已投入运营的高速铁路营运里程达到7431千米，居世界第一位。中国已成为世界上高速铁路系统技术最全、集成能力最强、运营里程最长、运行速度最快、在建规模最大的国家。

▲ 高铁

140. 水稻基因育种技术获突破性进展

2011 年 1 月，中国科学院遗传与发育生物研究所生物学研究中心李家洋课题组和中国水稻研究所钱前研究员等科研团队的"水稻基因育种技术获突破性进展"，入选 2010 年中国十大科技进展新闻。

该研究团队成功克隆了一个可帮助水稻增产的关键基因，这种基因产生变异后可使水稻分蘖数减少，穗粒数和千粒重增加，同时茎秆变得粗壮，增加了抗倒伏能力。研究团队将基因分析技术与传统作物种植方法相结合，培育出的改良稻米品种，可使水稻产量提高 10%。这是中国科学家在揭示水稻高产的分子奥秘上迈出的重要一步。

141. 国内首座超导变电站建成

2011 年 4 月 19 日，中国首座超导变电站在甘肃省白银市正式投入电网运行。这也是世界首座超导变电站，它的建成标志着我国在国际上率先实现完整超导变电站系统的运行。这座变电站的运行电压等级为 10.5 千伏，集成了超导储能系统、超导限流器、超导变压器和三相交流高温超导电缆等多种新型超导电力装置，大幅改善了电网安全性和供电质量，有效降低了系统损耗，减少了占地面积。建设这座超导变电站，我国在核心、关键技术上获得了近 70 项完全自主知识产权。

该电站还创造了多项世界纪录：超导变电站采用的四项超导技术中，超导储能系统是目前世界上并网运行的第一套高温超导储能系统；超导限流器是中国第一台、世界第四台并网运行的高温超导限流器；而超导变压器则是中国第一台、世界第二台并网运行的高温超导变压器，也是目前世界上最大的非晶合金变压器；三相交流高温超导电缆是世界上并网示范的最长的三相交流高温超导电缆。

142. 首座快堆成功实现并网发电 ★★★

2011 年 7 月 21 日，由中国核工业集团公司组织，中国原子能科学研究院具体实施，我国第一个由快中子引起核裂变反应的中国实验快堆成功实现并网发电。这标志着我国在占领核能技术制高点，建立可持续发展的先进核能系统上跨出了重要的一步。

该堆核热功率 65 兆瓦，实验发电功率 20 兆瓦，是目前世界上为数不多的大功率、具备发电功能的实验快堆，其主要系统设置和参数选择与大型快堆电站相同。以快堆为牵引的先进核燃料循环系统具有两大优势：一是能够大幅度提高铀资源的利用率，可将天然铀资源的利用率从目前在核电站中广泛应用的压水堆约1%提高到60%以上；二是可以嬗变压水堆产生的长寿命放射性废物，实现放射性废物的最小化。快堆技术的发展和推广，对核能的可持续发展具有重要意义。

143. 百亩超级杂交稻试验田亩产突破 900 千克

2011年9月，"杂交水稻之父"袁隆平院士指导的超级稻第三期目标亩产900千克高产攻关获得成功，其管理的隆回县百亩试验田亩产达926.6千克，创我国大面积水稻（100亩以上）亩产最高纪录。

▼ 水稻田

承担着冲击亩产900千克难关的百亩试验田位于湖南省邵阳市隆回县羊古坳乡雷峰村，18块试验田共107.9亩。

2011年9月18日，这片由袁隆平研制的"Y两优2号"百亩超级杂交稻试验田正式进行收割、验收。农业部委派专家组成员到场进行现场监督验收，并进行产量测定。专家组按照严格的测产验收规程，测得隆回县羊古坳乡雷峰村百亩亩产达 926.6 千克。

杂交水稻大面积亩产 900 千克，是世界杂交水稻史上此前尚无人登临的一个高峰。此次成功不仅为我国粮食增产做出了重大贡献，也为世界范围水稻增产提供了借鉴。

144. "天宫一号"与"神舟八号"成功实现交会对接

2011 年 11 月 3 日 1 时 43 分，中国自行研制的"神舟八号"飞船与"天宫一号"目标飞行器在距地球 343 千米的轨道实现自动对接，这使中国成为世界上第三个掌握空间飞行器交会对接能力的航天大国。

▼ "天宫一号"与"神舟八号"交会对接

"神舟八号"是中国神舟系列飞船中的第八个，简称"神八"。飞船为三舱结构，由轨道舱、返回舱和推进舱组成，本次飞行无人驾驶。"神舟八号"全长9米，最大直径2.8米，起飞质量8082千克，飞船进行了较大的技术改进，它发射升空后，与"天宫一号"对接，成为一座小型空间站。

"天宫一号"是中国首个目标飞行器和空间实验室，属于载人航天器，由中国空间技术研究院和上海航天技术研究院研制。"天宫一号"的主要任务之一是为实施空间交会对接试验提供目标飞行器，在此之后发射的"神舟"系列飞船，也称作"追踪飞行器"，它在入轨后会主动接近目标飞行器。

"天宫一号"的发射标志着中国迈入航天"三步走"战略的第二步第二阶段（即掌握空间交会对接技术及建立空间实验室），同时也是中国空间站的起点，标志着中国已经拥有建立初步空间站，即短期无人照料的空间站的能力。

145. 发现大脑神经网络形成新机制 ★★★

2011年，复旦大学脑科学研究院马兰教授研究团队经3年多研究，发现一种在生物体内广泛存在的蛋白激酶——GRK5在神经发育中有关键作用。GRK5的一端可与脑内细胞骨架结合，引起细胞骨架重构，另一端可通过结合脑内神经元细胞膜上的磷脂PIP2，把重构的细胞骨架引导到PIP2富集的细胞质膜区域，从而协调细胞骨架重构和细胞膜的变形，促进神经元的形态变化和神经元之间连接的形成。这一发现揭示了 GRK5 在神经系统中的功能，以及调节神经元形态和可塑性的新机制，也给神经元发育异常引起的孤独症和唐氏综合征等疾病的治疗和药物研发提供了新的思路。该发现刊登在美国《细胞生物学》杂志上，被选为研究亮点和封面论文，并被国际医学和生物论文评价系统选为必读论文。《科学》杂志子刊《科学——信号传导》还撰文对这一发现予以重点介绍。

146. 世界最大激光快速制造装备问世 ★★★

2011 年，华中科技大学史玉升科研团队研制成功工业级的 1.2 米×1.2 米、基于粉末状的激光烧结快速制造装备，这是世界上最大成型空间的此类装备，超过德国和美国的同类产品。这一装备与工艺的开发表明，我国在先进制造领域取得了新突破，使我国在快速制造领域达到世界领先水平。

快速制造技术的最大优势是可以扩大人类的

创意空间，加速工业产品设计与开发的步伐。该设备问世后，陆续已有两百多家国内外用户购买和使用这项技术及装备，它为我国关键行业核心产品的快速自主开发提供了有力手段。我国一些铸造企业应用该技术后，能将复杂铸件的交货期由传统的 3 个月左右缩短到 10 天左右；我国发动机制造商将大型六缸柴油发动机的缸盖砂芯研制周期由使用传统方法的 5 个月左右缩短至 1 周左右。该技术还被欧洲空客公司等单位选中，用于辅助航空航天大型钛合金整体结构件的快速制造。

147. 首座超深水钻井平台在上海交付使用

2011 年，中国船舶工业集团公司为中国海洋石油总公司建造的"海洋石油 981" 3000 米超深

◀ 深水钻井平台

水半潜式钻井平台于 5 月 23 日在上海交付使用。

这座钻井平台是当今世界最先进的第六代超深水半潜式钻井装备，是中国实施南海深水海洋石油开发战略的重点配套项目。该钻井平台投资额 60 亿元人民币，用于南海深水油田的勘探钻井、生产钻井、完井和修井作业。这座钻井平台最大作业水深 3000 米，最大钻井深度 1.2 万米，总长 114 米，宽 90 米，高 137.8 米，面积比一个标准足球场还大，高度相当于 43 层高楼。平台配置了目前世界上最先进的 DP3 动力定位系统和卫星导航系统，可谓海洋工程中的航空母舰。

"海洋石油 981"深水钻井平台成功设计建造，填补了中国在深水钻井特大型装备项目上的空白，对于增强中国深水作业能力，实现国家能源战略规划，维护国家海洋权益等具有重要意义。

148. 全球首个戊型肝炎疫苗上市 ★★★

2012 年 1 月，由高校和企业联合研制的"重组戊型肝炎疫苗"获得国家新药证书和生产文号，10 月正式上市。

戊型肝炎，听起来似乎没有甲肝和乙肝"厉害"，实际上它的杀伤力丝毫不弱。其症状与甲肝相似，而死亡率更高。据世界卫生组织估计，全球三分之一的人口被戊肝病毒感染。中国人中有近两成人口曾感染过。近年戊肝的发病率上升，已成为中国最常见的成人急性肝炎，但它尚无有效的治疗手段，因此研制疫苗是唯一解决之道。

为了有效控制戊型肝炎的传播，我国从十多年前开始了戊肝病毒的研究，政府和企业在这一项目上陆续投入 5 亿元。2012 年，戊型肝炎的研究终于有了突破性发现。科学家不仅发现了戊肝病毒的"特殊踪迹"，而且还利用基因改造让大肠杆菌表现出病毒的特性，从而得到了疫苗。

中国戊肝疫苗的第三期临床试验有超过 11 万人参与，是迄今全世界规模最大的疫苗三期临床研究，研究结果于 2010 年在著名医学刊物《柳叶刀》上发表。试验显示，在防止感染方面，我国科学家研制的疫苗 100%有效。从科研到生产，我国在一系列关键环节上都掌握了技术专利，从而使该疫苗成为我国拥有核心知识产权的创新性生物药物。

据了解，该疫苗还可能会通过我国与联合国儿童署和疾病防治组织的合作，在南亚等戊型肝炎多发病区推广。

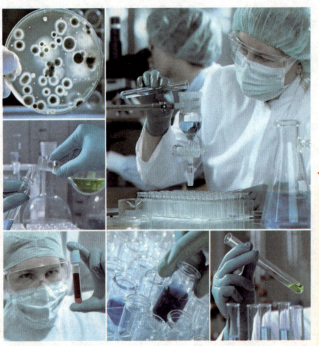

▼ 研制疫苗

2012 年 1 月，全部采用国产 CPU 和系统软件构建的我国首台千万亿次计算机——"神威蓝光"计算机系统在国家超级计算中心成功投入应用，这标志着我国继美国、日本之后，成为世界第三个能够采用自主 CPU 构建千万亿次计算机的国家。在此之前，"神威蓝光"已经过 3 个多月的试运行。

此次投入应用的 "神威蓝光" 计算机采用了 8704 个 16 核的 "神威 1600" CPU。它的峰值计算速度达到每秒 1100 万亿次浮点计算。系统全面采用高密度组装和低功耗技术，组装密度和能效比达世界领先水平。同之前国内的超级计算机相比，"神威蓝光"首次完全采用国产 CPU。它的研制成功实现了国家大型关键信息基础设施核心技术自主可控的目标，大幅提升了我国高性能计算机自主研制和应用水平。

高性能计算机现在已与人们的日常生活密不可分了。例如，天气预报信息就是高性能计算机对大量数据进行高速运算后的结果。天气预报要输入常规的观测、雷达观测、船舶观测、卫星观测等获取的气象资料，利用大气动力学中所用的方程组，在指定的时间内完成运算，最后得出温度、气压、空气密度等多个气象指标。而且，预

▲ 超级计算机

报区域精度提高一倍，其所需计算量就要提高 16 倍。这种庞杂的运算，靠单个 CPU 或普通的计算机不可能完成。此外，高性能的计算机在地质、气象、石油勘探等领域的研究中发挥关键作用，它也是汽车、航空、化工、制药等行业的重要科研工具。高性能计算机的研制能力和应用水平是一个国家科技发展水平和综合国力的重要标志之一，也是世界发达国家竞相争夺的科技战略制高点。

150. 大亚湾实验中发现新的中微子振荡 ★★★

2012 年 3 月，大亚湾中微子实验国际合作组发言人、中方首席科学家王贻芳宣布：大亚湾实验找到了标准理论预言的第三种中微子振荡。这一消息公布后，国外物理学家评论说："这是一个世界级的发现，也是中国实验物理学迄今为止的最大成就。"

中微子是一种无处不在，质量细微，极难捕捉的神秘粒子。科学家根据各种迹象猜测，中微子分为三种类型，而且互相转化。之前，前两种类型已经被测出，剩下的一种是否存在，还需要数据来证明。

做中微子实验，关键是制造测量仪器，还有配制特殊的溶液，这些都由中国科学家完成。

当大亚湾实验组宣布结果后，测量到第三种中微子振荡的消息第一时间传遍全球，引起各大媒体的报道和评论。

大亚湾实验一方面证实了对中微子性质的猜想，另一方面，由于它大大提高了中微子测量的精度，也给未来新的实验指明了方向，有助于解开一个困扰科学家的宇宙之谜。

在宇宙中，物质远远多于反物质。中微子就是观察这种不对称性的一个好窗口，因为只存在左旋的中微子，而它的镜像对称——右旋中微子却不存在，这在粒子中独一无二。美国《科学》杂志评价说：大亚湾的成果"完成了一幅中微子的概念图"，这为中微子与反中微子行为间不对称的实验铺平了道路。

2012 年 6 月 24 日, 在西太平洋马里亚纳海沟地区, 中国 "蛟龙号" 载人深潜器消失于海面。随后, 在指挥船内激动的欢呼声中, 它超过了 7000 米深度线, 创造了深海探测史的纪录。

深海是人类解决资源短缺、拓展生存发展空间的战略必争之地。无论是探索深海科学奥秘, 还是开发海洋战略资源都至关重要。但是, 潜入数千米的压力极高的深海, 对于潜水器的结构设计、特殊材料、建造工业还有承压密封等技术都有极高的要求, 只有顶级技术强国才可以涉足这

▼ 深海潜艇

一领域。

国家科技部从 2002 年开始研制载人潜水器，当时中国的载人潜水器技术只能到达 600 米深度，但"蛟龙号"研制人员克服种种困难，快速升级技术。2011 年 6000 米级海试成功，证明了中国超强的技术实力，引起全球关注。

7000 米海试是创造世界同类潜水器的深度纪录，10 年内，中国赶超了美、法、日、俄等潜水强国，领先世界。在 2012 年海试的 6 次下潜任务中，"蛟龙号" 3 次超越 7000 米，最大下潜深度达到 7062 米，每次下潜都完成了预定的试验内容。试验期间，潜水器和水面系统的多项功能和性能指标得到了逐一验证，关键指标被多次充分验证。这标志着我国具备了在全球 99.8%海洋深处开展科学研究、资源勘探的能力。

152. 第 11 颗 "北斗" 导航卫星发射 ★★★

2012 年 2 月 25 日凌晨 0 时 12 分，中国在西昌卫星发射中心用"长征三号丙"运载火箭将第 11 颗"北斗"导航卫星成功送入太空。这是一颗地球静止轨道卫星，也是中国 2012 年发射的首颗北斗导航系统组网卫星。

中国第 11 颗"北斗"导航卫星的成功发射，标志着"北斗"卫星导航系统建设的又一重大进步。"北斗"卫星导航系统自 2011 年 12 月 27 日提供试运行服务以来，其业务已逐步拓展到交通运输、气象、渔业、林业、电信、水利、测绘等行业以及大众用户，产生了显著的经济、社会效益。

2012 年，中国陆续发射多颗"北斗"导航组网卫星。2012 年底时，"北斗"卫星导航系统已形成覆盖亚太部分地区的服务能力。计划到 2020 年，将建成由 30 余颗卫星组成的"北斗"卫星导航系统，提供覆盖全球的高精度、可靠的定位、导航和授时服务。

153. "神舟九号"飞船成功发射 ⭐⭐⭐

2012 年 6 月 16 日，"神舟九号"飞船在酒泉卫星发射中心成功发射，中国首位女航天员刘洋与另两位男航天员景海鹏、刘旺一起搭乘"神舟九号"飞船出征太空。

"长征二号 F"运载火箭于 18 时 37 分 21 秒点火，托举着"神舟九号"飞船飞向太空。在抛掉逃逸塔、助推器分离、一二级分离、整流罩分离、船箭分离等一系列关键动作后，"神舟九号"飞船进入预定轨道。

"神舟九号"发射升空后与在轨运行的"天宫一号"目标飞行器进行自动和手控交会对接，实施中国首次载人交会对接任务。

▲ 运载火箭

此次"神舟九号"载人飞船发射，既是中国第一次在夏季发射载人航天飞船，又是中国载人航天工程第 4 次载人飞行；既是被誉为"神箭"的"长征二号 F"运载火箭第 10 次发射，也是中国"长征"系列运载火箭第 165 次航天飞行。

154. 我国第一艘航母正式入列 ★★★

2012 年 9 月 25 日，中国首艘航空母舰"辽宁号"正式交接入列。航母入列，对于提高中国海军综合作战力量的现代化水平、增强防卫作战能力，发展远海合作与应对非传统安全威胁能力都具有重要意义。

"辽宁号"服役后，其主要担任训练和科研的任务，为远洋投送和远洋作战提供平台。过去我国并不具备远距离、大规模的投送平台和作战训练平台，航母服役填补了这一缺陷，提升了中国海军的静态防卫能力，使国防要素更加完备。

航空母舰是目前人类所掌握与使用的最先进的海上军事平台，被视作一个国家综合国力和海军实力的象征。目前，世界上共有美、英、法、俄等 9 个国家拥有航母。在此之前联合国安理会五个常任理事国中，中国是唯一没有航母的国家。

中国改造的"瓦良格号"是一艘常规动力航

母，由苏联在 20 世纪 80 年代开始建造。苏联解体后，建造工程被迫下马。1998 年，废旧的"瓦良格号"被中国公司购买，2002 年 3 月抵达中国大连港。

在经过一系列的改造和海上试航之后，"辽宁号"正式交付海军,从此我国有了自己的航空母舰。

155. "运-20" 大型运输机首飞成功 ⭐⭐⭐

2013 年 1 月 26 日，"运-20" 大型运输机首飞成功。它以超过 6 万千克的载重量，22 万千克的最大起飞重量，跻身全球十大运输机之列。

▼ 航空母舰

▲ 运输机

　　20 世纪 80 年代，世界上有四个半国家能制造大飞机，都是安理会常任理事国，其中的"半个"就是中国。中国曾造出过起飞重量超 10 万的"运－10"并试飞成功，但后来放弃了。

　　"运－20"的航程超过 7800 千米，让中国能够长距离迅速投送物资、人员。有了"运－20"，中国的空中加油机和预警机找到了合适的载体。

156. 首次观测到量子反常霍尔效应 ★★★

　　2013 年，清华大学、中科院物理所和美国斯坦福大学研究人员联合组成的团队在量子反常霍尔效应研究中取得重大突破。他们从实验中首次观测到量子反常霍尔效应，这是我国科学家从实

173

验中独立观测到的一个重要物理现象，也是物理学领域基础研究的一项重要科学发现。

美国科学家霍尔分别于 1879 年和 1880 年发现霍尔效应和反常霍尔效应：在一个通电导体中，如果施加一个垂直于电流方向的磁场，电子的运动轨迹将产生偏转，从而在垂直于电流和磁场方向的导体两端产生电压。这个电磁输运现象就是霍尔效应。而在磁性材料中不加外磁场也可以观测到霍尔效应，这种零磁场中的霍尔效应就是反常霍尔效应。反常霍尔电导是由于材料本身的自发磁化而产生的，是一类新的重要物理效应。

量子霍尔效应之所以如此重要，一方面是由于它们体现了二维电子系统在低温强磁场的极端条件下的奇妙量子行为，另一方面这些效应可能在未来电子器件中发挥特殊的作用，可用于制备低能耗的高速电子器件。

量子反常霍尔效应不需要任何外加磁场，因此，这项研究成果将会推动新一代的低能耗晶体管和电子学器件的发展，加速推进信息技术进步的进程。

157. "神舟十号" 飞船发射 ★★★

2013 年 6 月 11 日，"神舟十号" 飞船成功发射并与 "天宫一号" 对接，开创了中国载人航天应用性飞行的先河。

此次飞行中，3 名航天员聂海胜、张晓光、王亚平在"天宫一号"首次开展太空授课活动。通过直播，全国至少有 6000 万学生观看了此次的太空授课。通过这样的方式，激发了他们崇尚科学、探索未知的热情。

"神舟十号"本次应用性飞行不仅验证和巩固交会对接技术、航天员在轨驻留相关技术，还将开展空间站建造相关的技术实验，这将为下一步我国空间站的建造积累经验。

158. "天河" 重夺世界超级计算机头名 ★★★

2013 年 6 月，在德国莱比锡的"2013 国际超级计算大会"上，由国防科技大学研制的"天河二号"超级计算机，跃居第 41 届世界超级计算机 500 强排名榜首。这是继 2010 年"天河一号"首次夺冠之后，中国超级计算机再次夺冠。

超级计算机的功能最强、运算速度最快、存储容量最大，它对一国的安全、经济和社会发展意义巨大。正因如此，许多国家都花大力气研制超级计算机。

我国的"天河二号"运算 1 小时，相当于 13 亿人同时用计算器计算 1000 年，其存储总容量相当于存储每册 10 万字的图书 600 亿册。

作为亿亿次级超级计算机，"天河二号"可高效支持大数据处理、高吞吐率和高安全信息服务等多类应用需求。此外，它还提升了应用软件的兼容性、适用性和易用性。

"天河二号"将会在我国未来的科技和社会发展中起重大作用。

159.成功研发人感染H7N9禽流感病毒疫苗株

2013年10月26日，我国科学家宣布成功研发出人感染H7N9禽流感病毒疫苗株。对于H7N9禽流感病毒，研究者们通过反向遗传技术，以PR8质粒为病毒骨架，与自行分离的病毒株进行基因重排，从而成功研制出H7N9流感疫苗种子株。为确保安全性，科研人员将种子株在无特殊病原体的鸡胚中连续传15代，经测序证实遗传稳定，未发生变异。这一成果为及时应对新型流感疫情提供了有力的技术支撑，并为全球控制禽流感疫情做出了贡献。

160. 拍摄到氢键的清晰照片

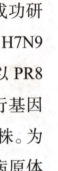

2013年11月，国家纳米科学中心的团队在《科学》杂志上发表文章：他们利用原子力显微镜技术，实现了对分子间局域作用的直接成像，在

国际上首次直接观察到了分子间的氢键。他们观测一个吸附在铜晶体表面的 8-羟基喹啉分子，拍下了高分辨率图像。

此前，对氢键特性的研究主要借助于 X 射线衍射、红外和拉曼光谱、中子衍射等技术来间接分析，人们从来没有真正地看到过氢键。

在这张黑白照片上，规则的灰、黑、白色块拼在一起，像几块龟甲紧紧挨着，也像一块蜂巢，还像常见的珊瑚化石。

尽管科学家在 1936 年就正式提出了氢键概念，但迄今氢键的本质还有争论。这次，中科院团队改造了仪器，自制原子力显微镜的核心部件，实现了氢键观测。

161. 4G 牌照颁发，电信业进入新时代 ★✦✦

4G 指的是第四代移动通信技术。按照国际电信联盟的定义，4G 技术需满足如下条件：静态传输速率达到 1Gbps，用户在高速移动状态下可以达到 100Mbps。

2013 年 12 月 4 日，工信部正式向三大电信运营商——中国移动、中国电信、中国联通颁发了 TD-LTE 制式的 4G 牌照。自此，中国正式进入全新的 4G 时代。

4G 将会开启一个全新的时代：用户网速、语

音通话、移动互联网、电子商务等都将会焕然一新。同时它也将带动相关产业的快速发展，创造更多的社会财富。

162. "嫦娥三号"成功落月 ⭐⭐⭐

2013 年 12 月 14 日，"嫦娥三号"带着"玉兔号"月球探测器成功登陆月球。"嫦娥三号"在月球虹湾预定区域成功着陆，并在 15 日凌晨与"玉兔"分离。

在着陆过程中，"嫦娥三号"经历了主减速、快速调整、接近、悬停、避障和缓速下降 6 个阶

段，相对速度从每秒 1.7 千米逐渐减为 0。在距离月面 100 米高度时，"嫦娥三号"暂时停下脚步，对着陆区进行观测，以避开障碍物、选择着陆点。在以自由落体方式走完最后几米之后，"嫦娥三号"顺利着陆。

中国探测器首登地外天体之举使得我国成为世界上第三个实现地外天体软着陆的国家。

在本次探月之旅中，"嫦娥三号"将获取月球内部的物质成分并进行分析，"玉兔号"月球车将会在月球表面巡游 90 天，抓取月壤在车内进行分析，并把数据直接传回地球。

▼ 月球车

从奠基到辉煌：中国科技之路